A Life With Small Quilts

A Life With Small Quilts

若山雅子の拼布日常

［恬靜美好の幸福手作時節］

A Life With Small Quilts

MESSAGE

　　小時候，在偶然的機會下，邂逅了一件古董拼布作品，一見鍾情的我，就依樣畫葫蘆試著作作看。幾年後，才知道原來這就是所謂的「拼布」。還特別請友人寄來美國出版的拼布書及雜誌，自己試著摸索學習，直到現在，我還常常在縫製時想起當時那種非常喜愛與熱衷的心情。

　　忙碌的日常，最喜歡拿著自己心愛的布料，享受縫針游移、製作作品的忘我時光。

　　拼布不只是單純的布料縫合，更是將每分每秒連接串合在一起的無價之寶，無論是日常生活不經意的小小幸福，抑或是包含著重要回憶的拼布作品，看到作品，覺得可愛並稱讚不已的人們，更讓我覺得開心。藉由這本書，希望拼布能讓大家的日常生活更加愉悅，並將想留住特別的回憶的心情傳達給各位讀者。

若山雅子
Masako Wakayama

CONTENTS

PROFILE

若山雅子　Masako Wakayama

1987年開設拼布商店・教室「クリブキルト」。以紅・白・藍為基礎製作的鄉村風作品，極具人氣。是一位秉持著「隨心所欲・自由拼布」的初心，活躍於世界各地的人氣講師。著有《隨心所欲的拼布生活》（NHK出版）與其他著作，並參與東京電視台「ソロモン流」的演出。

教室・商店「クリブキルト」
神奈川県川崎市中原区中丸子577
http://www.crib.co.jp

01 作法 P. 64

「橘瓣」圓筒形 肩包

附有圓形側身的圓筒形包包，
美麗的刺繡是設計亮點。

可肩背的尺寸，
非常便利！

打開拉鍊，收納量倍增。

02
作法
P.66

「跟彼得借來還給保羅」の 拼布包

擁有可愛名稱的拼布包。設計了隱藏式側身，
當收納空間不足時，
可以打開側身拉鍊擴充收納量。

m e m o

No.01與No.02圓形圖案製作
較困難。一般來說，需以
珠針固定，再拼縫布片，
但運用貼布縫的方法縫製
就簡單多了♪

\ CLOSEUP! /

03　作法 P.8

紅色果實の側背包

以俄羅斯刺繡製作貼布縫的輪廓，
紅色果實顯得更有立體感了！

散步時最適合搭配的
側背包款。

04 庭院花朵滿開
側背包

作法
P.68

以簡單素雅的野花造型，搭配三角形側身設計，
側背包款式十分便利，非常適合旅行使用。

作法 P.68

memo
No.03與No.04卸除背帶
後，也可以作為收納包
使用。

※數字的單位為cm

前袋身1片（表布・鋪棉・裡布）

材料

拼縫用布片　適量
a布（白底紅花）25cm×25cm
b布（紅花布）35cm×20cm
c布（紅花布）60cm×10cm
d布（紅花布）10cm×140cm
鋪棉　110cm×20cm
裡布（原色布）110cm×20cm
腰帶襯　1.5cm×140cm
拉鍊　長25cm　1條
D型環　內徑1.2cm、問號鉤　長3.5cm　各2個
蕾絲　寬1.2cm　長45cm
25號繡線（原色・藍色・胭脂紅色）

※原寸紙型　A面

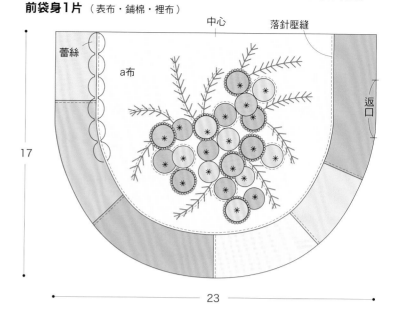

中心　落針壓縫
蕾絲
a布
17
返口
23

背帶1片（d布）

5
←→　直接裁剪
140

後袋身1片
（b布・鋪棉・裡布）

中心
3

側身1片（c布・鋪棉・裡布）

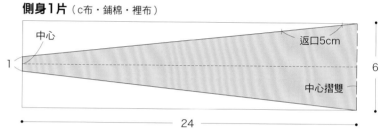

中心
返口5cm
1
6
中心摺雙
24

作法

1　拼縫布片製作表布，完成後進行貼布縫與刺繡。（P.88）

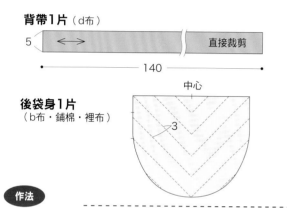

車縫
車縫
（背面）
（正面）
（正面）
刺繡
貼布縫

表布（正面）

2　重疊裡布、鋪棉，
再與表布正面相對疊合，
車縫周圍。

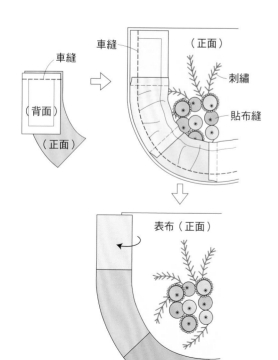

車縫
表布（背面）
裡布（正面）
預留返口
鋪棉

※修剪縫份處之鋪棉。

3　翻至正面壓線，製作袋身。

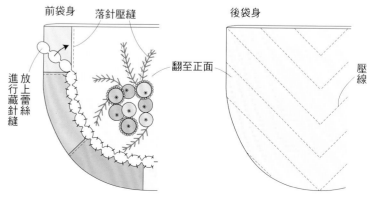

前袋身　落針壓縫
放上蕾絲進行藏針縫
翻至正面
後袋身
壓線

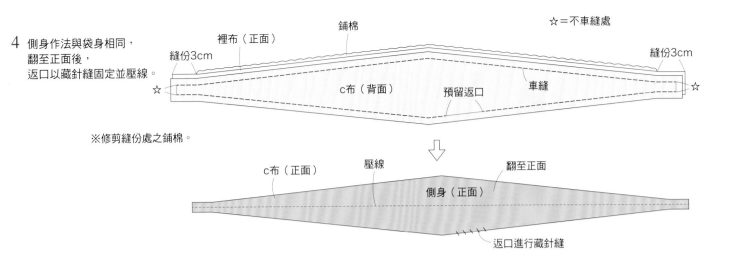

4 側身作法與袋身相同，
  翻至正面後，
  返口以藏針縫固定並壓線。

☆＝不車縫處

縫份3cm　裡布（正面）　鋪棉　縫份3cm
c布（背面）　預留返口　車縫　☆
☆

※修剪縫份處之鋪棉。

c布（正面）　壓線　翻至正面
側身（正面）
返口進行藏針縫

5 將袋身與側身正面相對疊合，以捲針縫固定。

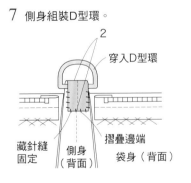

側身（背面）
袋身（背面）
僅挑起表布
進行捲針縫

6 翻至正面，開口處組裝拉鍊。

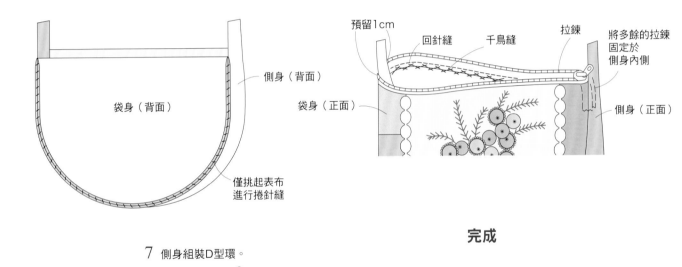

預留1cm　回針縫　千鳥縫　拉鍊　將多餘的拉鍊固定於側身內側
袋身（正面）　　側身（正面）

完成

7 側身組裝D型環。

2
穿入D型環
藏針縫固定　側身（背面）　摺疊邊端　袋身（背面）

8 摺疊背帶，並組裝問號鉤。

背帶　放入腰帶襯
1.5
2
壓線0.1cm

問號鉤　藏針縫

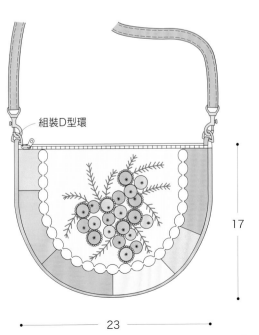

組裝D型環

17
23

05,06

作法
05 ▸ P.12　06 ▸ P.69

葡萄與小木屋の
托特包&小物包

以貼布縫製作果實與葉片，細緻的果實陰影、葉脈與藤蔓則是以俄羅斯刺繡裝飾。簡單的小木屋拼布更加凸顯了葡萄的設計感。

05

06

\ CLOSEUP! /

四方形的包款十分適合攜帶
書籍……等物品。

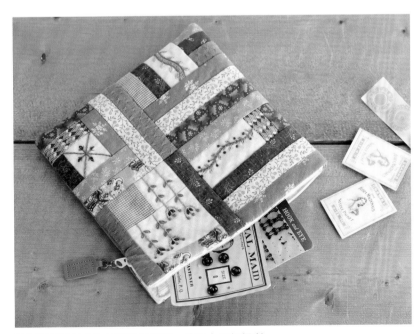

特別替扁平的小物包設計了拉鍊，使用上更加便利。

材料

拼縫用布片、貼布縫　適量
a布（米色印花布）25cm×25cm
b布（藍色印花布）40cm×30cm
表布（水藍色素色布）80cm×35cm
配色布（藍色素色布）12cm×45cm
裡布（米色印花布）80cm×45cm
鋪棉　100cm×50cm
雙頭拉鍊　長50cm　1條
腰帶襯　2cm×80cm
拉鍊拉片　2組
鈕釦　直徑1.2cm　1個
25號繡線（原色・水藍色・藍色・胭脂紅色）
紙襯　適量

※原寸紙型　A面

前袋身1片（表布・鋪棉・裡布）

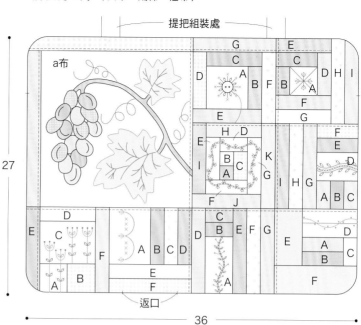

拉鍊口布2片（表布・鋪棉）

提把2片（配色布）

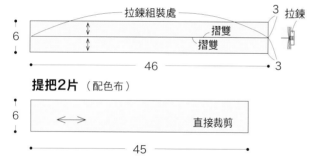

後袋身1片（b布・鋪棉・裡布）

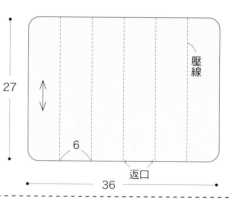

側身1片（表布・鋪棉・裡布）

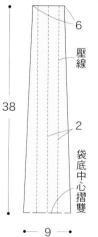

作法

1 以紙襯拼縫布片（P.56）製作表布，
　再於表布進行貼布縫、刺繡。
　（P.88）

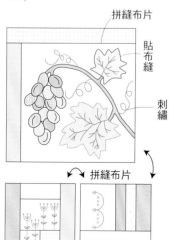

2 重疊裡布、鋪棉後，再與表布正面相對疊合車縫周圍。
　翻至正面，再將返口以藏針縫縫合。袋身邊緣車縫壓線。

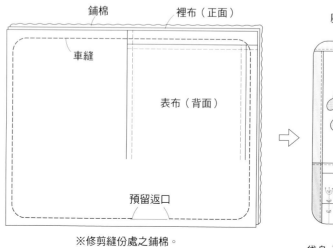

※修剪縫份處之鋪棉。

3 重疊拉鍊口布與鋪棉，車縫固定後翻至正面。疊上拉鍊進行車縫。

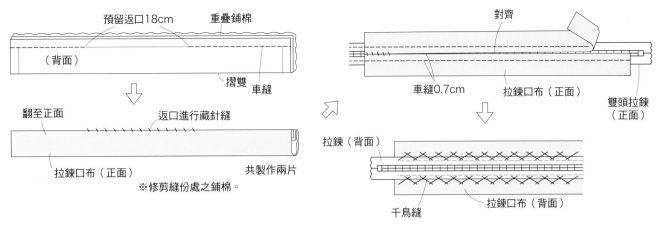

預留返口18cm　　重疊鋪棉

（背面）

摺雙　車縫

翻至正面　　　　　返口進行藏針縫

拉鍊口布（正面）　　　　　　共製作兩片

※修剪縫份處之鋪棉。

對齊

車縫0.7cm　　拉鍊口布（正面）　　雙頭拉鍊（正面）

拉鍊（背面）

千鳥縫　　拉鍊口布（背面）

4 車縫側身，再翻至正面進行壓線。

預留2至3cm　　車縫

返口　　表布（背面）

裡布（正面）　　鋪棉

※修剪縫份處之鋪棉。

翻至正面　　側身（正面）

裡布

壓線

5 組裝拉鍊口布與側身。

拉鍊口布（背面）

車縫

裡布

側身（背面）

藏針縫

以裡布包捲縫合

6 將提把摺疊車縫。

摺疊1cm

2

腰帶襯

（背面）

提把（正面）

壓線0.1cm

7 重疊袋身與側身，以捲針縫縫合。
並夾車提把固定。

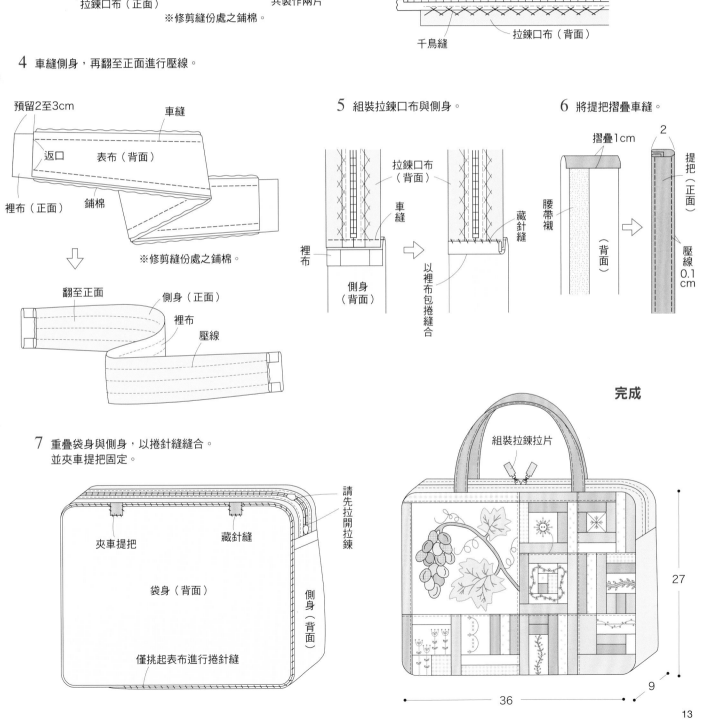

請先拉開拉鍊

夾車提把　　藏針縫

袋身（背面）

側身（背面）

僅挑起表布進行捲針縫

完成

組裝拉鍊拉片

27

36

9

13

07,08

作法
17▶P.70 08▶P.72

「正六角形」の
手提包&小物包

拼接六角形與六角形分成六等分的布片，
形成有趣的圖案。
此款的設計尺寸相當適合外出使用，
還可搭配小物包♪

07

08

[SIDE]

[BACK]

寬敞的袋底與小包配件，
具有很棒的收納力！
背面也加上了口袋設計。

可愛的圖案十分適合
作為手提包的設計呢！

小包的中間加上了時尚的
鈕釦設計。拉鍊稍微往兩
邊延伸設計，使物品拿取
更加便利。

「房子」提袋&波奇包&零錢包

以貼布縫製作的房子，搭配窗戶、各種花朵的刺繡設計。包包內有3個口袋。其中內側的2個口袋，為中央拉鍊款式，可以放置貴重的物品。附有側身的口袋，打開時，中間不易變形走樣，搭配同款的化妝包及零錢包，成為有趣又實用的便利組合。

09

10

11

[S I D E]

可愛的側身設計！後袋身與側身也製作了超
講究的貼布縫及刺繡。

\ OPEN! /

可以分層收納不同尺寸的物品，非常便利。

基本款的可愛波奇包。攜帶它出門，立即吸引眾人目光。

可愛的圓形零錢包，最適合外出時攜帶。

材料

貼布縫用布　適量
表布（水藍色格紋布）110cm×60cm
配色布（淡茶素色布）60cm×40cm
a布（藍色格紋布）16cm×40cm
裡布a（水藍色背景布）55cm×70m
裡布b（藍色印花布）55cm×70cm
鋪棉　55cm×85cm
拉鍊　長25cm　1條
腰帶襯　寬2cm　長76cm
拉鍊拉片　1組
鈕釦　直徑2.5cm　4個
25號繡線（水藍色・胭脂紅色・黃色・
黃綠色・灰色・粉紅色・摩卡色・深藍色）

※原寸紙型　A面

提把2片（a布）

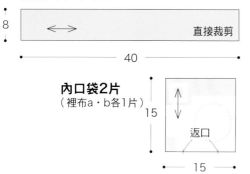

直接裁剪

8
40

內口袋2片
（裡布a・b各1片）

15
返口
15

側身2片（表布・鋪棉・表布）

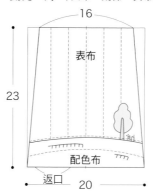

16
23
表布
配色布
返口
20

夾層袋1片（裡布a・b各1片）

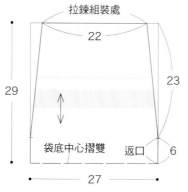

拉鍊組裝處
22
29　23
袋底中心摺雙　返口　6
27

袋布1片（表布・鋪棉・配色布）

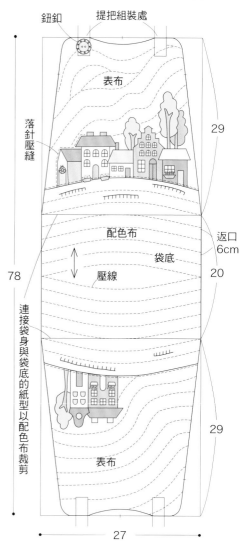

鈕釦　提把組裝處
表布
落針壓縫
29
配色布　袋底　返口6cm
壓線　20
連接袋身與袋底的紙型以配色布裁剪
78
表布
29
27

作法

1 以貼布縫與刺繡
（P.88）製作表布。

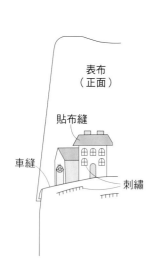

表布
（正面）
貼布縫
車縫
刺繡

2 重疊裡布、鋪棉後，再與表布正面相對疊合，
車縫周圍。

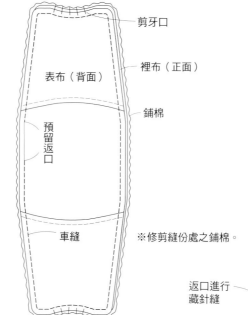

剪牙口
裡布（正面）
表布（背面）
鋪棉
預留返口
車縫
※修剪縫份處之鋪棉。

3 翻至正面，返口進行藏針縫，
再於袋身車縫壓線。

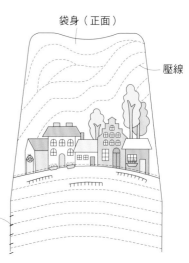

袋身（正面）
壓線
返口進行
藏針縫

4 側身作法與袋身相同，翻至正面進行壓線。   5 重疊袋身與側身後，以捲針縫縫合。

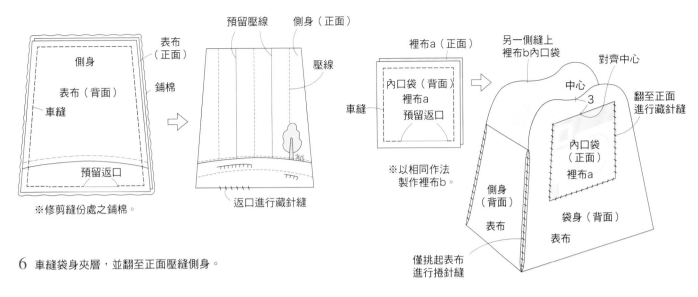

※修剪縫份處之鋪棉。

6 車縫袋身夾層，並翻至正面壓縫側身。

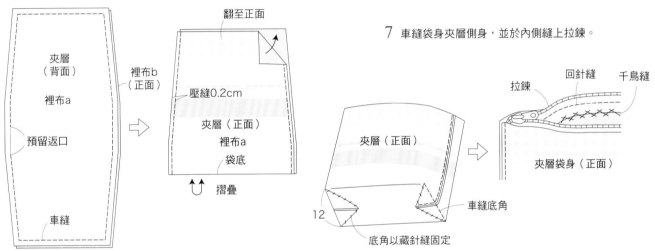

7 車縫袋身夾層側身，並於內側縫上拉鍊。

8 將夾層放入袋身內，
對齊中心點與預留的壓線處，
再以回針縫固定側身。

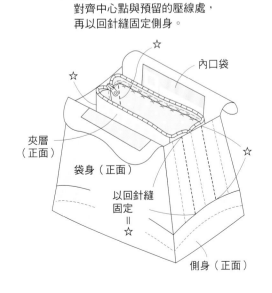

9 將提把摺疊後車縫，組裝於袋身上。再將拉鍊裝上拉片。

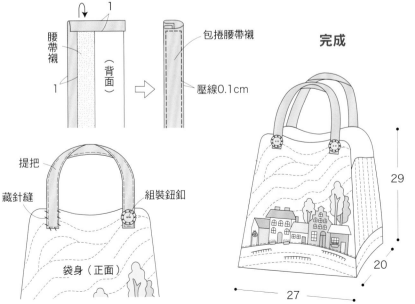

完成

材料

貼布縫用布　適量
表布（水藍色格紋布）　50cm×20cm
配色布（淡茶素色布）　25cm×15cm
裡布（米色印花布）　25cm×45cm
鋪棉　25cm×45cm
拉鍊　長20cm　1條
拉鍊拉片　1組
25號繡線（水藍色・胭脂紅色・粉紅色・灰色・
黃綠色・摩卡色・黃色）

※原寸紙型　A面

作法

1

以貼布縫與刺繡（P.88）製作表布。
重疊裡布、鋪棉後，再與表布正面相對疊合，
車縫周圍並翻至正面，再袋身於上進行壓線。

※修剪縫份處之鋪棉。

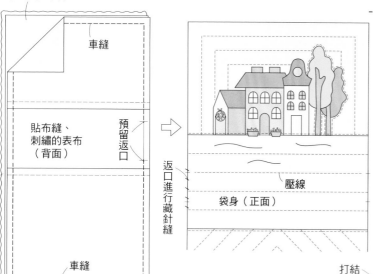

3 開口組裝拉鍊。

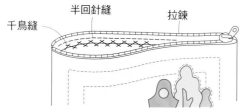

千鳥縫　半回針縫　拉鍊

※數字的單位為cm

袋身1片（表布・鋪棉・裡布）

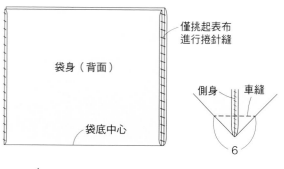

落針壓縫
表布
落針壓縫
底角 3
中心
返口6cm　壓線
底角 3
配色布
12
10
16
38
20
1.5

2 袋身正面相對疊合，以捲針縫縫合，完成後車縫底角。

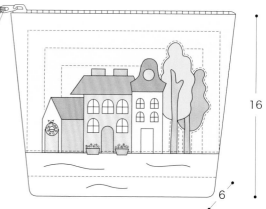

袋身（背面）
僅挑起表布進行捲針縫
袋底中心
側身　車縫
6

4 拉鍊組裝拉片。

完成

打結
穿過細繩，
再加上裝飾。

20
16
6

P.16 NO.11

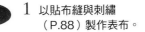

材料

貼布縫用布　適量
表布（水藍色格紋布）30cm×15cm
配色布（淡茶素色布）15cm×10cm
裡布（米色印花布）30cm×15cm
鋪棉　30cm×15cm
拉鍊　長15cm　1條
拉鍊拉片　1組
25號繡線（水藍色・粉紅色・黃色・
灰色・黃綠色・摩卡色）

作法

1 以貼布縫與刺繡（P.88）製作表布。

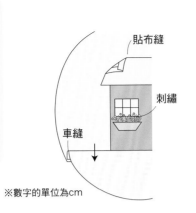

貼布縫
刺繡
車縫

※數字的單位為cm

2 重疊裡布、鋪棉後，再與表布正面相對疊合，車縫周圍。

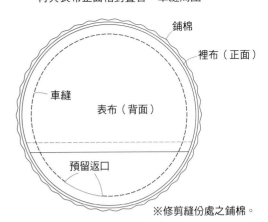

鋪棉
裡布（正面）
車縫
表布（背面）
預留返口

※修剪縫份處之鋪棉。

3 翻至正面，返口進行藏針縫，再於袋身上進行壓線。

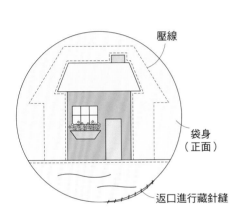

壓線
袋身（正面）
返口進行藏針縫

4 將兩組正面相對疊合，進行捲針縫。

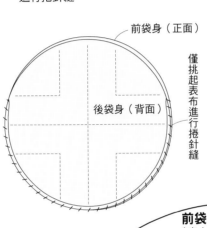

前袋身（正面）
後袋身（背面）
僅挑起表布進行捲針縫

5 開口組裝拉鍊。

回針縫
拉鍊
千鳥縫
後袋身（背面）
前袋身（正面）

完成

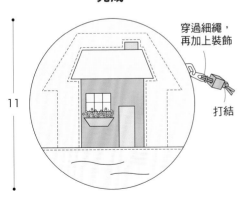

穿過細繩，再加上裝飾
打結
11

後袋身1片
（表布・鋪棉・裡布）

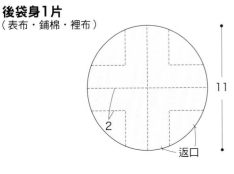

2
返口
11

原寸紙型

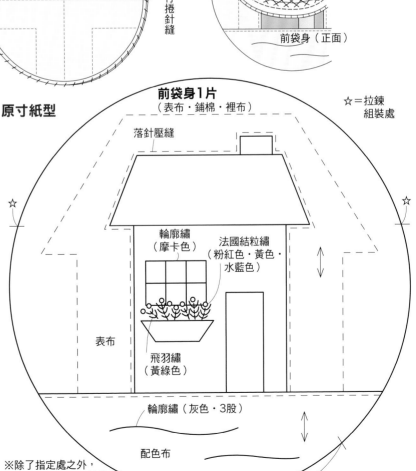

前袋身1片
（表布・鋪棉・裡布）

落針壓縫
輪廓繡（摩卡色）
法國結粒繡（粉紅色・黃色・水藍色）
表布
飛羽繡（黃綠色）
輪廓繡（灰色・3股）
配色布
返口
☆＝拉鍊組裝處

※除了指定處之外，皆以兩股繡線進行刺繡。

12,13

作法
12 ▸ P.26　13 ▸ P.24

英文字母圖案
手提包&小物包

包包底部左右兩側製作了褶襉設計，
即使沒有側身，收納空間也非常足夠。
運用不同尺寸的字母貼布縫，
便能創造出不同風貌的大小包款。

12

13

\ CLOSEUP! /

[BACK]

底部的褶襇設計使整體更顯清爽，
大大提升了收納空間。

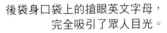

後袋身口袋上的搶眼英文字母，
完全吸引了眾人目光。

\ OPEN! /

打開拉鍊，側身的設計
使物品收納更有效率。

半圓形的小物包，搭配如圓點圖案般的鈕釦，非常可愛。

※數字的單位為cm

材料

拼縫用布片　共30cm×40cm
表布（藍色格紋布）110cm×10cm
配色布（水藍色印花布）25cm×10cm
a布（白色圓點布）10cm×10cm
裡布（米色印花布）25cm×30cm
鋪棉　30cm×35cm
拉鍊　長25cm　1條
拉鍊裝飾　1組
各式鈕釦　共8個

作法

1　拼縫布片完成表布，再製作貼布縫。
　重疊裡布、鋪棉，
　再與表布正面相對疊合，車縫周圍。

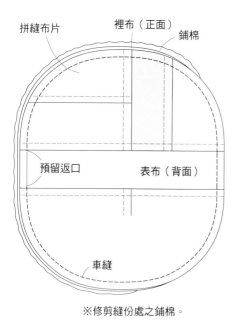

※修剪縫份處之鋪棉。

4　重疊拉鍊側身與鋪棉，車縫固定。

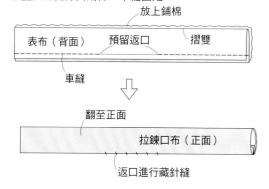

袋身1片（表布・鋪棉・裡布）

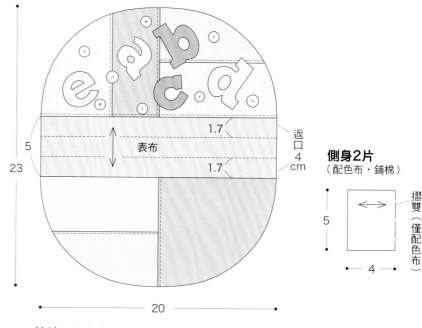

側身2片
（配色布・鋪棉）

拉鍊口布2片（表布・鋪棉）

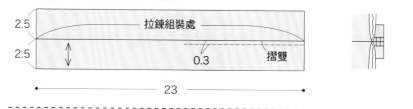

2　翻至正面，再於袋身壓線、製作貼布縫裝飾。

3　車縫釦絆，翻至正面。

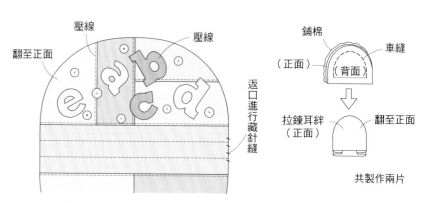

共製作兩片

5　拉鍊疊放於拉鍊口布上車縫固定。

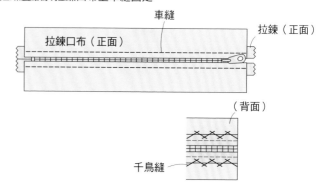

6 車縫拉鍊口布與側身。

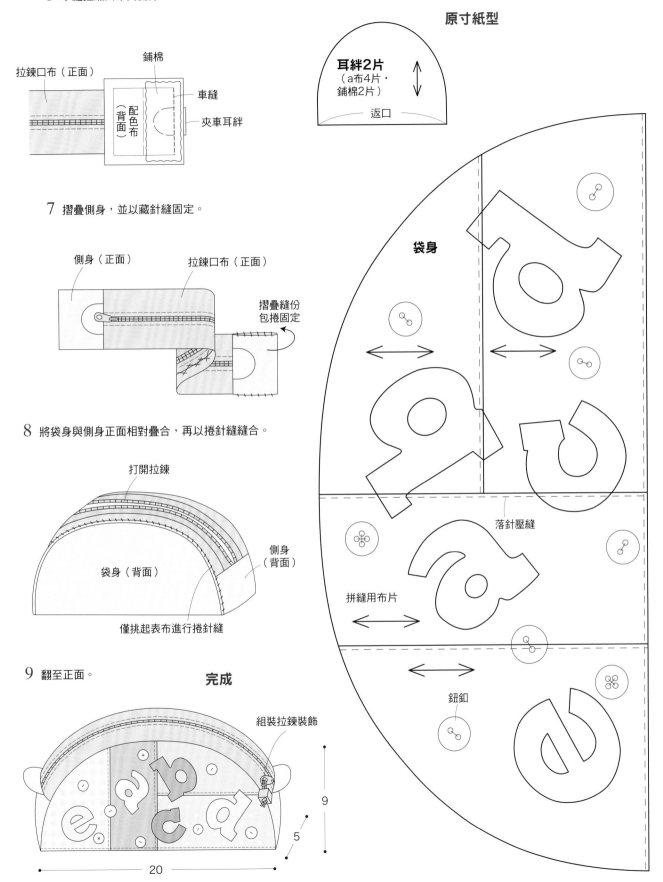

拉鍊口布（正面）　　鋪棉

車縫

夾車耳絆

配色布（背面）

原寸紙型

耳絆2片
（a布4片·鋪棉2片）

返口

7 摺疊側身，並以藏針縫固定。

側身（正面）　　拉鍊口布（正面）

摺疊縫份
包捲固定

8 將袋身與側身正面相對疊合，再以捲針縫縫合。

打開拉鍊

袋身（背面）

側身（背面）

僅挑起表布進行捲針縫

9 翻至正面。

完成

組裝拉鍊裝飾

袋身

落針壓縫

拼縫用布片

鈕釦

9

5

20

※數字的單位為cm

材料

貼布縫用布　適量
拼縫用布片　9種
　　　　　　　各20cm×35cm
表布（藍色素色布）50cm×20cm
a布（藍色印花布）75cm×4cm
裡布（米色印花布）
　　　　　　　110cm×45cm
鋪棉　100cm×45cm
皮革提把　寬2cm　長100cm

※原寸紙型　A面

貼邊1片（a布）

4 ‖ 直接裁剪
75

前袋身1片（表布・鋪棉・裡布）

提把組裝處
中心　8
貼布縫

37

褶襴

39

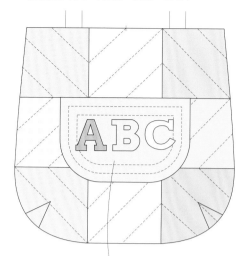

後袋身1片（表布・鋪棉・裡布）

口袋1片（表布2片・鋪棉1片）

作法

1　拼縫布片製作表布。
　　重疊裡布、鋪棉後，
　　再與表布正面相對疊合，車縫周圍。

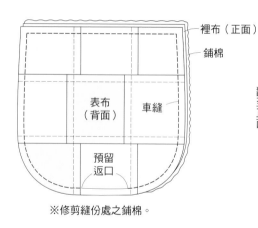

裡布（正面）
鋪棉
表布（背面）
車縫
預留返口

※修剪縫份處之鋪棉。

2　翻至正面，於袋身上進行壓線、
　　製作貼布縫，完成後再車縫褶襴。

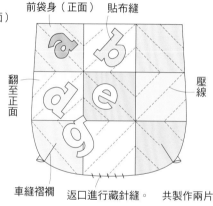

前袋身（正面）　貼布縫
翻至正面
壓線
車縫褶襴　返口進行藏針縫。　共製作兩片

3　口袋作法與袋身相同，
　　後袋身進行藏針縫。

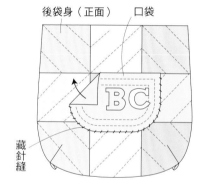

後袋身（正面）　口袋
藏針縫

4　將兩片袋身正面相對疊合，
　　以捲針縫固定。

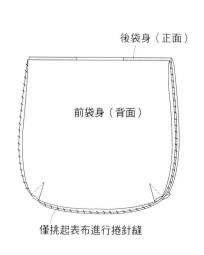

後袋身（正面）
前袋身（背面）
僅挑起表布進行捲針縫

5　車縫貼邊並夾車提把。

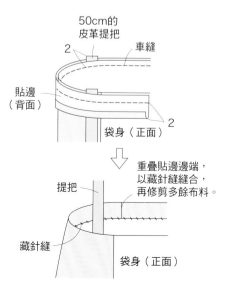

50cm的
皮革提把
2　車縫
貼邊（背面）
2
袋身（正面）

重疊貼邊邊端，
以藏針縫縫合，
再修剪多餘布料。

提把
藏針縫
袋身（正面）

完成

37

39

P.28 NO.14

材料
YOYO布適量
表布（水藍色素色布）28cm×4cm
裡布a（水藍色印花布）13cm×17cm
拉鍊　長14cm　1條
拉鍊拉片　1組

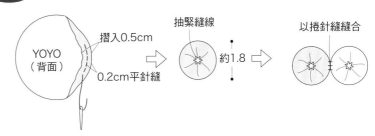

作法

1 將布料邊緣摺入進行平針縫，製作YOYO。

YOYO（背面）
摺入0.5cm
0.2cm平針縫
抽緊縫線
約1.8
以捲針縫縫合

2 如圖示接縫YOYO，口布進行藏針縫。

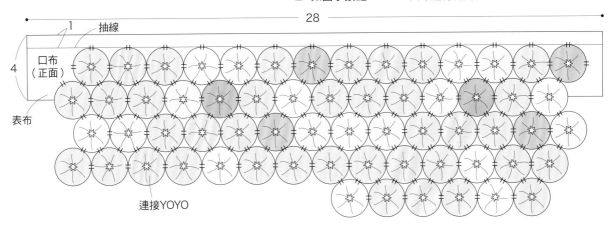

28
1　抽線
口布（正面）
4
表布
連接YOYO

3 將YOYO接縫一圈呈袋狀。

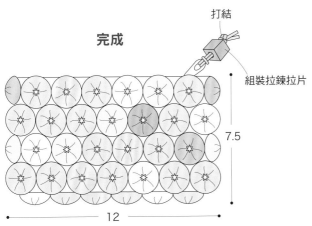

摺疊至內側

4 車縫裡布。袋身組裝拉鍊，裡布進行藏針縫。

※依YOYO比例調整尺寸。
　測量袋身內尺寸，加以調整。

13
16
車縫內側縫份0.7cm
裡布（背面）
袋底中心摺雙

（背面）　側身
車縫底角
3

摺入裡布縫份以藏針縫固定　以回針縫固定拉鍊

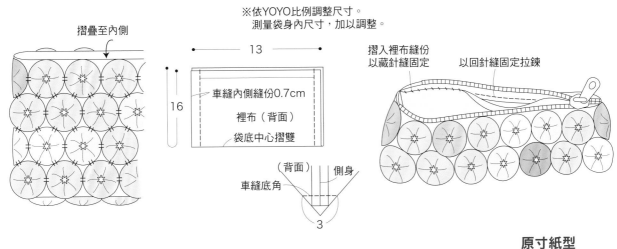

原寸紙型

打結
組裝拉鍊拉片

完成

7.5
12

YOYO
62片
直接裁剪

※數字的單位為cm

27

14 作法 P.27

YOYO收納包

接縫小小的YOYO，就能完成非常可愛的小物包，
無論收納口紅、鑰匙……等都非常便利。

15 作法 P.30

口袋小物包

前口袋設計了花朵貼布縫，
最適合收納使用頻率高的物品。
多加了鈕絆，使用上更加安心。

圓弧設計的袋口，
使用上非常方便♪

16

作法 P.31

色彩繽紛の
「六角形方塊」小物包

刻意於接縫每個六角形時，
預留空白處壓線裝飾。
上方打褶設計展現出可愛圓弧輪廓，
再裝飾上鈕釦及織帶，
更能烘托整體熱鬧氛圍！

[BACK]

後袋身製作了充滿韻律動感的六角形圖案。

17

作法 P.74

可愛鈕釦
裝飾化妝包

側身以簡單的四角形拼縫布片，
袋蓋上排列最喜歡的藍色鈕釦。

OPEN!

大容量的便利
化妝包。

材料

貼布縫用布　適量
拼縫布片用布　共30cm×15cm
表布（水藍色圓點布）65cm×20cm
配色布（水藍色素色布）15cm×10cm
裡布（原色印花布）45cm×20cm
鋪棉　45cm×20cm
拉鍊　長20cm　1條
拉鍊裝飾　1組
鈕釦　直徑1.2cm　1個
暗釦　直徑1cm　1組
25號繡線（藍色）

※數字的單位為cm

袋身2片（表布・鋪棉・裡布）
口袋1片（口袋表布・鋪棉・表布）

壓線　拉鍊組裝處　釦絆組裝處
袋身
表布
袋口　暗釦（背面）
12
口袋
輪廓繡（藍色）　返口
18

釦絆1片
（配色布2片）
返口
6
鈕釦（正面）
暗釦（背面）
4

作法　※原寸紙型　A面

1　拼縫布片完成口袋表布，
再進行貼布縫與刺繡。（P.88）

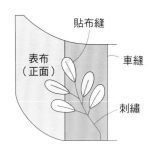

貼布縫
表布（正面）
車縫
刺繡

2　重疊表布、鋪棉，再與口袋表布正面相對疊合，車縫周圍。
翻至正面後進行壓線。

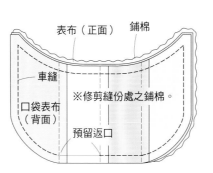

表布（正面）　鋪棉
車縫
口袋表布（背面）
※修剪縫份處之鋪棉。
預留返口

翻至正面進行壓線
口袋（正面）
返口進行藏針縫

3　車縫釦絆。

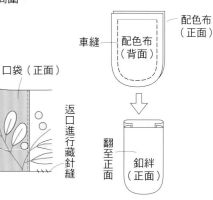

配色布（正面）
車縫　配色布（背面）
翻至正面
釦絆（正面）

4　車縫袋身後，再翻至正面壓線。

裡布（正面）
車縫
表布（背面）
鋪棉
預留返口

翻至正面壓線
裡布
袋身（正面）
返口進行藏針縫

5　將兩組正面相對疊合，以捲針縫固定。

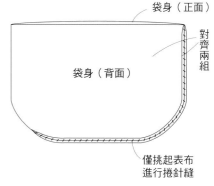

袋身（正面）
對齊兩組
袋身（背面）
僅挑起表布進行捲針縫

6　開口處縫上釦絆，
並組裝拉鍊。

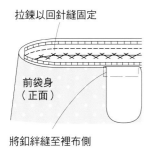

拉鍊以回針縫固定
前袋身（正面）
將釦絆縫至裡布側

7　縫上口袋，並組裝暗釦。

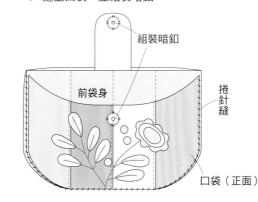

組裝暗釦
前袋身
捲針縫
口袋（正面）

組裝拉鍊裝飾　**完成**

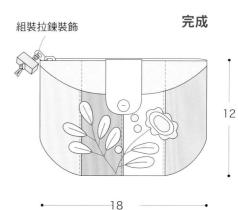

12
18

材料

貼布縫用布　適量
表布（白色圓點布）50cm×20cm
配色布（水藍色格紋布）25cm×10cm
裡布（原色印花布）50cm×25cm
鋪棉　50cm×25cm
拉鍊　長20cm　1條
織帶　寬0.5cm　長70cm
拉鍊裝飾　1組
鈕釦　7個
25號繡線（藍色）

※原寸紙型　A面

※數字的單位為cm

前袋身1片（表布・鋪棉・裡布）

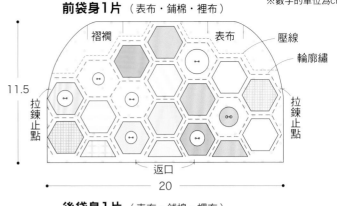

袋底1片
（配色布・鋪棉・裡布）

後袋身1片（表布・鋪棉・裡布）

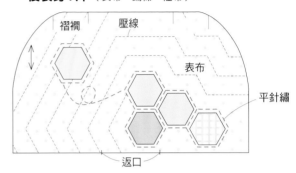

作法

1　製作貼布縫。重疊裡布、鋪棉後，
　　再與表布正面相對疊合，車縫周圍。

2　翻至正面，進行刺繡（P.88）並壓線製作袋身。
　　車縫褶襉後再縫上織帶。

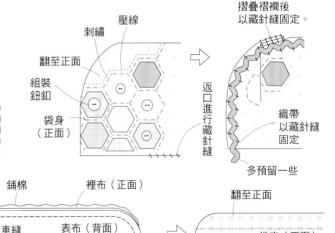

※修剪縫份處之鋪棉。

3　車縫袋底，
　　翻至正面進行壓線。

4　將兩組袋身正面相對疊合，進行捲針縫。
　　同樣作法固定袋底。

5　組裝拉鍊。

完成

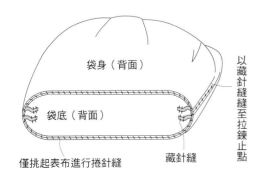

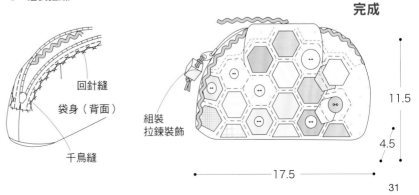

18

19

20

18

作法
P.75

文具收納袋

搭配成一整組的布書衣、
收納袋與眼鏡袋,
真的超級可愛,
可以放進大包包裡一起帶出門。

可以收納No.19
布書衣的尺寸。

19　布書衣

作法
P.76

使用1880年代的布料,
製作充滿復古氛圍的書套。
經過歲月的洗禮,
更能展現出更美麗的色系,
讓人每天都想寫下自己的心情故事。

書套上附有口袋,可收納書寫工具。

側身開口的設計十分
便利,就像戴著美麗
飾品一般的側背式設
計。

20　眼鏡袋

作法
P.77

搭配金屬鍊的側背式眼鏡袋。
設計上運用了側身開口的口金,
讓拿取眼鏡變得更加方便,
讓人愛不釋手!

21

作法
P. 38

拼布工具の可愛收納袋

貼布縫棒讓製作貼布縫變得更簡單，是一定要入
手的輔助工具之一！收納尖銳貼布縫棒的口袋，
必須製作得厚實一些。而製作拼布需要的黏膠、
縫針、縫線、剪刀……都有各自收納的位置，將
工具整齊的擺放於內側口袋內，就能輕輕鬆鬆攜
帶出門了！

\ OPEN! /

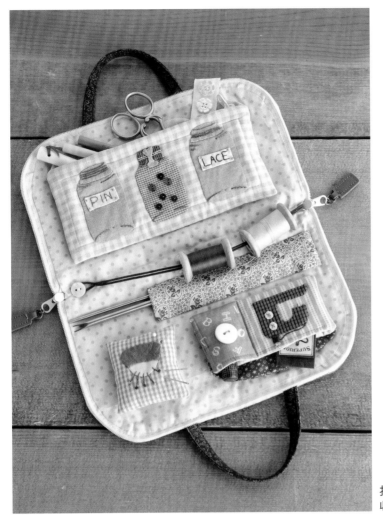

一個包包就能出門,
再也不用擔心丟三落四了!

打開拉鍊,擺放整齊的
收納巧思一目了然。

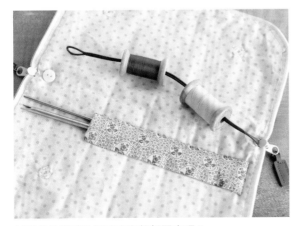

就連收納縫線的繩子也有鈕釦固定呢!

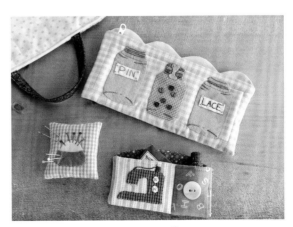

各個口袋都附有暗釦,方便取下使用。

22

23

24

25

26

22
作法 P.40

縫針盒

依據用途、長度……
整理收納各種縫針的收納盒。

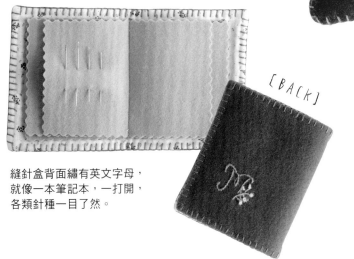

\ OPEN! /

[BACK]

縫針盒背面繡有英文字母，
就像一本筆記本，一打開，
各類針種一目了然。

23
作法 P.78

針插

可愛藍色小鳥的針插。
羊毛的不織布材質，
不易造成生鏽。

[BACK]

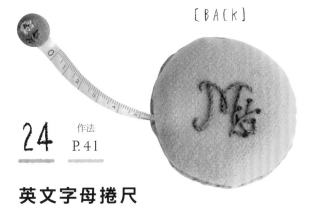

24
作法 P.41

英文字母捲尺

捲尺的尾端也加上了刺繡，
背面還有時尚的英文字母刺繡喲！

25
作法 P.79

藍色花朵不織布小物包

在觸感柔軟的100％羊毛不織布上製作貼布縫，
並使用羊毛縫線刺繡。
可以收納No.22、No.23、No.24、No.26的作品。
一起來打造專屬的收納袋吧！

可以放入各種工具的收納
袋，獨特又有個性的款式。

[BACK]

小物包背後藏有
一朵可愛的小花。

26
作法 P.41

周圍以毛邊繡裝飾
也相當有設計感。

剪刀袋

以專用剪刀袋收納，剪刀看起來更加別緻♪
內側還貼心加上厚紙，讓剪刀不易滑落。

※數字的單位為cm

材料

貼布縫用布　適量
a布（紅色格紋布）30cm×10cm
b布、c布、d布（藍色系）各10cm×30cm
口袋布A（水藍色格紋布）22cm×18cm
口袋布B（合計2種）20cm×15cm
裝飾布A（淡黃圓點布）20cm×10cm
裝飾布B（紅色印花布）13cm×10cm
針插布
　　（水藍色格紋布）13cm×7.5cm
貼布縫棒用布（白色印花布）8cm×16cm
裡布a　（白色圓點布）30cm×45cm
裡布b　（白色格紋布）30cm×55cm
鋪棉　50cm×40cm

不織布　4cm寬　3cm
雙頭拉鍊50cm　1條
拉鍊　20cm　1條
腰帶襯 2cm寬 18cm
拉鍊拉環 2組
釦子共14個
細繩　0.1cm寬　50cm
25號繡線（藍色‧灰色‧
酒紅色‧金茶色‧原色‧
淡綠色‧水藍色‧粉紅色‧
奶油色）
暗釦　直徑1cm　5組
安全別針 1個
棉花　適量

※原寸紙型　B面

袋身1片（表布‧鋪棉‧裡布b‧裡布a）

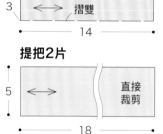

提把組裝處

a布

b布　　c布　　d布
　　　　　　　　十字繡

27

返口

人字繡

毛邊繡

提把組裝處

24

裝飾布A 2片

裝飾布B 2片
組裝處

1

口袋布A 1片（表布‧鋪棉‧裡布b）

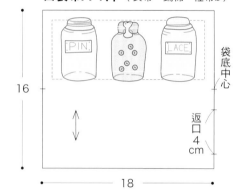

16

袋底中心

返口
4
cm

18

口袋布B 1片
（表布‧鋪棉‧裡布b）

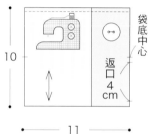

10

袋底中心

返口
4
cm

11

針插用布 1片

5.5

摺雙

返口

5.5

貼布縫棒用布1片

3　摺雙

14

提把2片

5　　直接裁剪

18

作法

1 車縫剪接布片，並以貼布縫製作表布，
完成後重疊裡布、鋪棉，
再與表布正面相對疊合，車縫周圍。

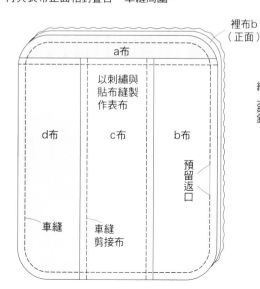

裡布b
（正面）

a布

以刺繡與
貼布縫製
作表布

d布　　c布　　b布

預留返口

※修剪縫份處之鋪棉。
※刺繡P.88。

車縫　　車縫
剪接布

2 翻至正面，於袋身上進行壓線，再車縫裝飾布。

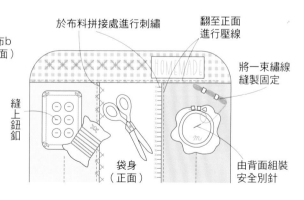

於布料拼接處進行刺繡

翻至正面
進行壓線

將一束繡線
縫製固定

縫上鈕釦

袋身
（正面）

由背面組裝
安全別針

3 將提把布摺疊車縫。

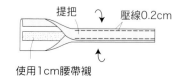

提把　　壓線0.2cm

使用1cm腰帶襯

4 組裝提把，並放上拉鍊車縫，
　裡布a以藏針縫固定。

5 車縫貼布縫棒用布，再接縫於不織布袋身。

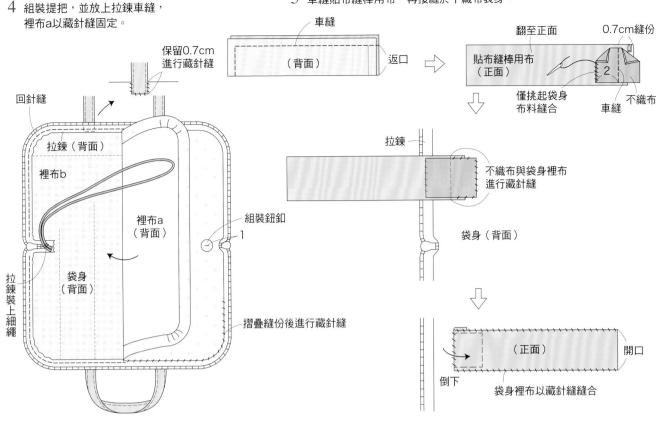

保留0.7cm
進行藏針縫

回針縫

車縫
（背面）　返口

拉鍊（背面）

裡布b

裡布a
（背面）

組裝鈕釦

1

袋身
（背面）

拉鍊裝上細繩

摺疊縫份後進行藏針縫

0.7cm縫份

貼布縫棒用布
（正面）

2

僅挑起袋身布料縫合

不織布

車縫

拉鍊

不織布與袋身裡布進行藏針縫

袋身（背面）

（正面）　開口

倒下

袋身裡布以藏針縫縫合

---

6 車縫口袋B的貼布縫周圍，
　再翻至正面進行壓線。

7 車縫裝飾布B，翻至正面。車縫口袋B的側身，再組裝裝飾布B。

※修剪縫份處之鋪棉。

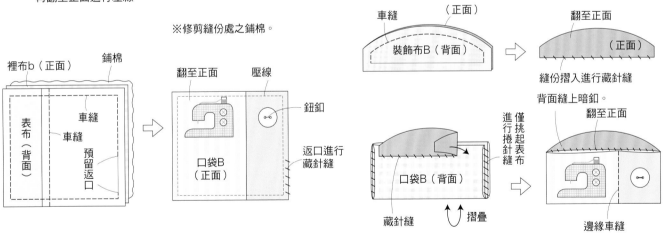

裡布b（正面）　鋪棉

表布
（背面）

車縫
車縫
預留返口

翻至正面　壓線

鈕釦

口袋B
（正面）

返口進行藏針縫

車縫　（正面）

裝飾布B（背面）

翻至正面

（正面）

縫份摺入進行藏針縫
背面縫上暗釦。

翻至正面

僅挑起表布進行捲針縫

口袋B（背面）

藏針縫　摺疊

邊緣車縫

---

8 口袋A、裝飾布A的作法皆與B相同。

9 車縫口袋A、裝飾布A，並組裝拉鍊。

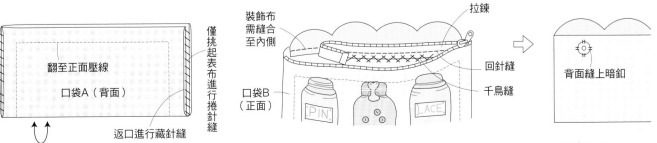

翻至正面壓線

口袋A（背面）

僅挑起表布進行捲針縫

返口進行藏針縫

裝飾布需縫合至內側

拉鍊

口袋B
（正面）

回針縫

千鳥縫

背面縫上暗釦

接續P.40

10 裡布a縫上暗釦。

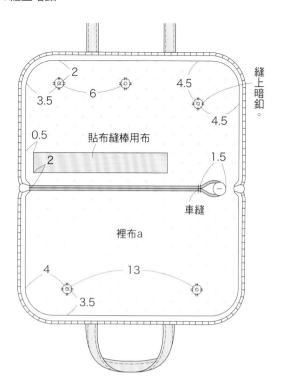

2
6
3.5
4.5
4.5
縫上暗釦。
0.5
貼布縫棒用布
2
1.5
車縫
裡布a
4
13
3.5

11 車縫針插。

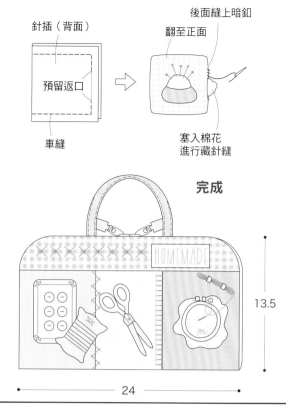

針插（背面）
預留返口
車縫
後面縫上暗釦
翻至正面
塞入棉花
進行藏針縫

完成

13.5

24

※數字的單位為cm

P.37 NO.22

材料
不織布（藍灰色）21cm×13cm
裡布（原色印花布）21cm×13cm
不織布（水藍色）35cm×20cm
羊毛繡線（綠色・淡綠色・黃色・藍色・
白色・粉紅色・酒紅色）

※原寸紙型　B面

袋身1片（不織布・裡布）

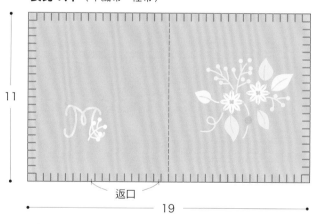

11

返口

19

作法 **1** 製作刺繡（P.88）。
再與裡布正面相對疊合，並車縫周圍。

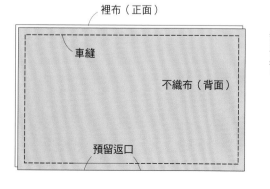

裡布（正面）
車縫
不織布（背面）
預留返口

2 翻至正面，周圍進行毛邊繡。
再與不織布疊合車縫。

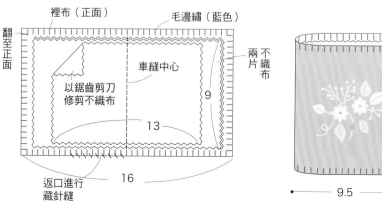

裡布（正面）
毛邊繡（藍色）
翻至正面
以鋸齒剪刀修剪不織布
車縫中心
兩片不織布
9
13
16
返口進行藏針縫

完成

11

9.5

※數字的單位為cm

材料
不織布（象牙白色）15cm×25cm
配色布（原色印花布）15cm×25cm
裡布（白色圓點布）15cm×35cm
厚紙　15cm×25cm
羊毛繡線（粉紅色・綠色・
淡咖啡色・芥末色）

※原寸紙型　B面

作法

1 背面製作刺繡，再與裡布重疊，
車縫周圍後翻至正面。

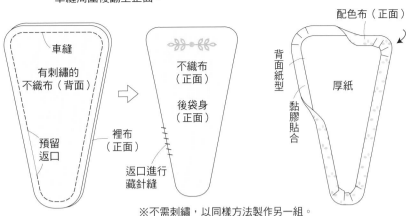

車縫
有刺繡的
不織布（背面）
預留
返口
裡布（正面）
不織布（正面）
後袋身（正面）
返口進行藏針縫

2 配色布貼上白紙。

配色布（正面）
背面紙型
厚紙
黏膠貼合

※不需刺繡，以同樣方法製作另一組。

3 前袋身作法與後袋身相同，
完成後翻至正面。

車縫
裡布（正面）
有刺繡的
不織布（背面）
前袋身（正面）
預留返口
返口進行藏針縫

4 將貼上白紙的配色布與前袋身貼合，
與後袋身疊合後進行捲針縫。

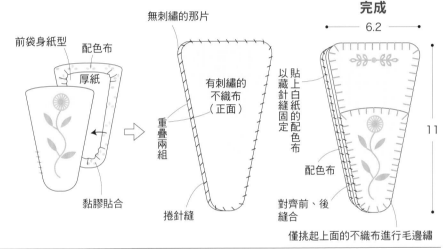

前袋身紙型
配色布
厚紙
無刺繡的那片
有刺繡的
不織布（正面）
重疊兩組
黏膠貼合
捲針縫

5 重疊前、後袋身進行捲針縫，
配色布背面進行藏針縫。

完成

6.2
11
以貼上白紙的配色布進行藏針縫固定
配色布
對齊前、後縫合
僅挑起上面的不織布進行毛邊繡

※原寸紙型　P.78

材料
不織布（金黃色）20cm×10cm
裡布（原色印花布）20cm×10cm
配色布（水藍色素色布）10cm×5cm
羊毛繡線（藍色・水藍色・酒紅色・綠色・
白色・淡綠色・芥末色・粉紅色）
捲尺　直徑5.5cm　1個
包釦　直徑1.5cm　2個

作法

1 重疊刺繡裡布，車縫周圍後再翻至正面。

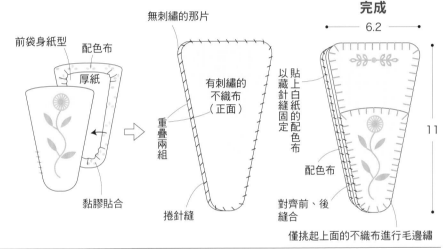

裡布（正面）
有刺繡的
不織布（背面）
預留返口
翻至正面
裡布（正面）
返口進行藏針縫
製作兩片

2 完成刺繡後，製作包釦裝飾。

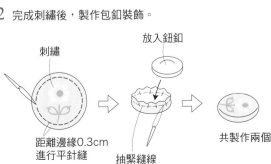

刺繡
放入鈕釦
距離邊緣0.3cm
進行平針縫
抽緊縫線
共製作兩個

3 對齊兩組本體進行捲針縫，
中途放入捲尺再縫上裝飾。

將兩組重疊
先固定裝飾
放入捲尺

完成

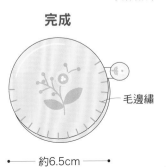

毛邊繡
約6.5cm

41

27-37 「小房子＆花園」
圖案印花布小物

本作品使用的布料，是美國鄉村風第16年設計的作品。
主題是「小房子＆花園」。
圖案印花布可直接裁剪製作拼布作品，也可裁剪自己喜
愛的圖案來製作手作小物。以下午茶美好時光為靈感，
運用圖案印花布縫製出所有物品吧！

圖案印花布／Russian

以法國 les éditions de saxe 出版的
《MAISONS&JARDINS EN QUILT（小房
子＆花園）》書中介紹的作品製作而成。

27
作法 P.81

茶壺保溫罩

剛好可以包覆茶壺的保溫罩，
三面都有不同的房子圖案，
看起來相當有趣。

28,29
作法 P.81

餐墊

俏皮街景圖案的桌墊，
巧妙搭配了紅色與藍色格紋布料滾邊！

30
作法 P.81

迷你墊

與茶壺保溫罩
搭配使用的圓形桌墊。

31
作法 P.82

餐具盒

以塑膠板製作的餐具盒，
外側使用四角形拼接的可愛圖案，
內側則是小碎花布的組合。

32
作法 P.82

桌巾

放上一張美麗的桌巾，
整個空間變得更加明亮了！
善用原有「HOUSE AND COUNTRY GARDEN」
文字圖案製作。

33-37
作法 P.80

杯墊

可以運用零碼布料製作小杯墊囉！

生活空間裡の
舒適抱枕

PILLOWS

38 作法 P.84 **抱枕**　　勿忘草造型的抱枕，
三角形的圖案十分時尚！

39 作法 P.83 **抱枕**　　有紅色果實的抱枕，
四角邊端製作了小小三角形拼接，是相當別緻的設計。

40-42

作法
40,42 ▶ P.88

41 ▶ P.85

友誼の拼布禮物

無論搬家、送禮或想要傳達心意給重要的人時……
手作拼布正是最適合的禮物了!
不管是自己或與朋友合送,都能展現出誠摯的感謝。
繡上名字的小小拼布,
只要連接起來也能變成一副美麗的拼布作品喲!

41

40

42

繡上自己的名字
就是獨家禮物了！

※數字的單位為cm

材料

貼布縫用布　適量
貼布縫底布（白色圓點布）28cm×36cm
內側條紋布（藍色格紋布）20cm×40cm
四角貼布縫用的條紋布（米色格紋布）30cm×42cm
外側條紋布（藍色印花布）30cm×60cm
裡布（米色印花布）50cm×58cm
鋪棉　50cm×58cm
滾邊用布（藍色格紋布）3.5cm×220cm
25號繡線（藍色・淡咖啡色）

※原寸紙型　B面

作法

1　拼縫布片，製作貼布縫的表布。
2　重疊表布、鋪棉與裡布，再進行壓線。
3　周圍滾邊。

本體1片（表布・鋪棉・裡布）

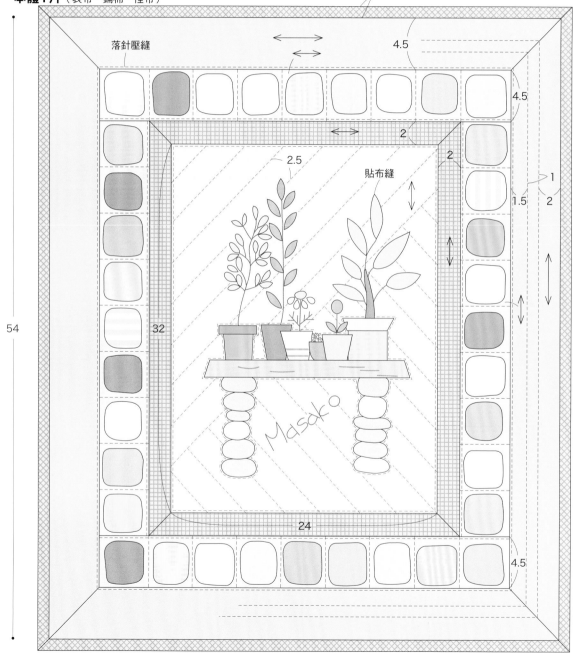

滾邊1cm（╳）

落針壓縫

4.5

4.5

2

2

2.5

貼布縫

1

1.5

2

32

Masako

54

24

4.5

46

※數字的單位為cm

材料

貼布縫用布　適量
貼布縫底布（A3種）各16cm×42cm
內側剪接布（B2種）各8cm×42cm
條紋布（C7種）共35cm×65cm
裡布（米色印花布）56cm×50cm
鋪棉　56cm×50cm
滾邊用布（藍色條紋布）3.5cm×230cm
水兵帶　1.2cm×170cm
25號繡線（藍色）

※原寸紙型　B面

作法

1　拼縫布片，製作貼布縫的表布。
2　重疊表布、鋪棉與裡布，再進行壓線。
3　周圍滾邊，並縫上織帶。

本體1片（表布・鋪棉・裡布）

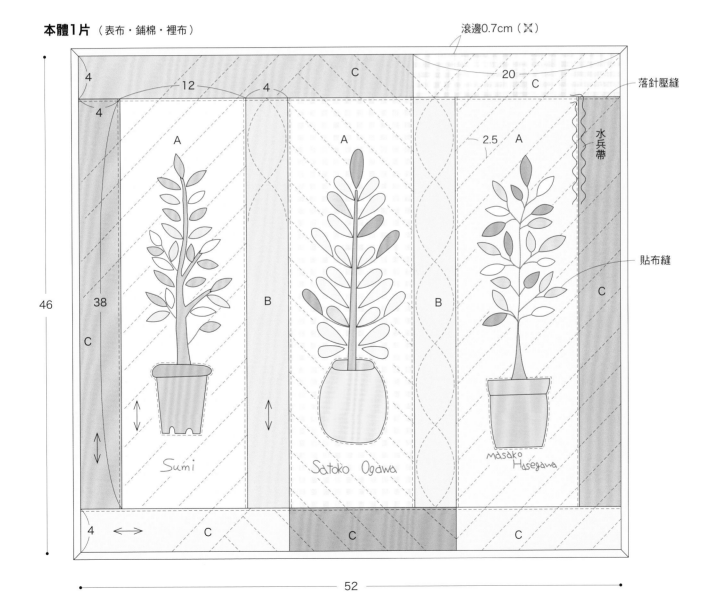

滾邊0.7cm（╳）

落針壓縫

水兵帶

貼布縫

4　12　4　C　20　C

A　A　2.5　A

B　B　C

46　38

C

4　C　C　C

Sumi　Satoko Ogawa　masako Hasegawa

52

43

作法
P.48

友誼の拼布禮物

獻給最喜愛植物的你……
想著對方的喜好，親手製作的拼布作品。
一針一針製作充滿誠意的拼布，
就是最寶貴的時光了！

44

作法
P.49

友誼の拼布禮物

由三個人一起製作，代表健康、成長的苗壯小樹苗。
祝福著前程似錦的未來。

45 繁花綻放の壁飾

作法
P.86

運用最愛的貼布縫與俄羅斯刺繡技法，
於拼縫的底布上綻放各種美麗的花朵。
其中一角設計為圓弧狀，
搭配下側素色布，展現柔和的氛圍。

除了裝飾之外，也適合作為罩蓋。

製作小黃花的貼布縫之後，再由背面進行俄羅斯刺繡，於周圍繡上一圈。沿著貼布縫進行立針縫，就能簡單製作出美麗的圖案了！

以貼布縫棒製作，就連這樣小的花朵也可以簡單完成♪

圓圈繡的葉子從背面進行俄羅斯刺繡，搭配兩種顏色，更能增添立體動感。

認識拼布工具

本篇介紹拼布與貼布縫所需要的工具。雖然部分工具可以使用一般款式，如剪刀、直尺……但是縫針、縫線還是建議使用專用款式，其他例如貼布縫專用棒、俄羅斯刺繡……等特殊工具也能輔助製作出漂亮貼布縫作品，就依自己的需求慢慢添購吧！

★=Crib Quilt ●=FUJIX ♥=CLOVER
♥=KAWAGUCHI ■=LECIEN（COSMO）

拼布專用板 ♥

表面是燙墊，背面則是砂紙，可作為記號標示用。

直尺 ♥ 建議使用約30cm的透明尺使用較為便利。

剪刀 ♥

請分別準備裁布剪刀與線剪，而裁剪紙型用的剪紙剪刀也請另外準備。

頂針器

拼接布片時套於中指第二節，用於推針。

金屬指套 ♥

於壓線時使用。使用時以右手推針，左手壓住縫針。

② 拼布針 ♥

原寸縫針
① ② ③

① 貼布縫專用針 ♥　③ 壓線專用針 ♥

功能各不相同的專用針。①是極細的貼布縫專用針。直向針孔縫線不易脫落。②拼布針。細而長的針款，適合縮縫……等用途。③壓線專用針。最短而粗的針款。除了上述款式，還需準備珠針喲！

貼布縫專用紙襯

一側附有黏著劑可以熨燙的不織布。也可以洗衣機清洗。

描圖紙

使用薄質描圖紙。以鉛筆描繪圖案，放上貼布縫圖案，暫時固定。

紙襯 ★

柔軟輕薄的不織布，可放上布料一起縫合，也可以洗衣機清洗。

貼布縫專用針 ★

拼布專用線 ●　　壓縫用線 ★

依用途的不同，選用的線材也不同。壓線專用縫線，有樹脂加工，較耐摩擦。貼布縫專用針、拼接線、壓縫專用線，依序越來越粗。

25號繡線三股 ■

25號繡線三股一起捲線，穿過俄羅斯刺繡棒直接進行刺繡。

布用口紅膠 ♥

筆狀的布用口紅膠。車縫部分會有顏色顯示，很容易辨識。

穿線器 ♥

放入縫針，穿過縫線，壓下按鈕即可完成穿針。

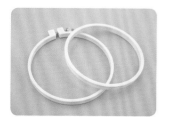

繡框 ★ ■

俄羅斯刺繡時將布面撐平繃緊的工具。

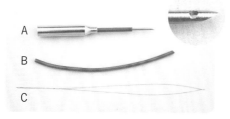

俄羅斯刺繡棒 ★ ■

A/俄羅斯刺繡縫針…刺繡用針（三股）
B/管子…調節針插入時深度調節。
C/穿針棒…縫線穿針的工具。

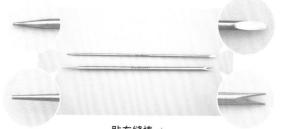

貼布縫棒 ★

貼布縫時使用的一組工具。需搭配輔助摺疊縫份的繡棒（上）與固定布料的繡棒（下）兩支一起使用。

使用方法請見P.60

拼布の製作

四角形布片拼接 ｜ 拼接的基礎與接縫四角的說明。

1

裁剪四片正方形，需外加0.7cm的縫份。

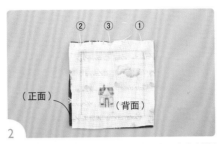

2

將兩片布片正面相對疊合，由兩端、中心的順序，以珠針固定。

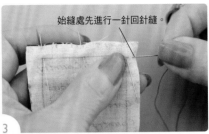

3

以單股線縫合，於止縫處再進行一次回針縫。

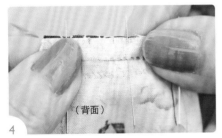

4

以細針趾進行平針縫。

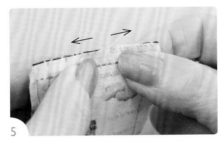

5

縫合至記號前一針，以手指將針趾撫平。

6

止縫處一針回針縫，打結固定。

7

縫合另外一組兩片布片，縫份倒向深色片側。

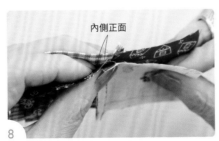

8

兩組布片正面相對疊合，中心必須完全對齊。

9

依數字順序固定珠針。

10

進行一針回針縫後再以平針縫縫合，中心縫份與止縫處均需進行回針縫。

11

熨燙縫份，將縫份倒向一側。

12

完成。

在半透明且柔軟的紙襯上描繪上小木屋圖案，
依紙上圖案直接縫上布料。
布片事先粗裁即可，最後再一起修剪。

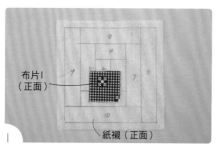

1

於紙襯上描繪圖案。為了分辨正、反面與車縫順序，可標上數字。布片1外加0.7cm的縫份後裁剪，以珠針固定於紙襯上。

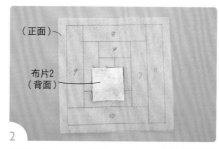

2

布片2外加0.7cm的縫份後裁剪，與布片1正面相對疊合，將布片1的珠針取下，重新固定。

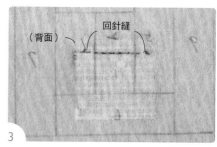

3

紙襯翻至背面，於布片1與布片2的縫線之間，各多一針平針縫。（※實際製作時請使用與布料顏色相近的縫線。）

4

紙襯翻至正面，以手指將布片2翻至正面。

5

布片3不需製作記號，大約粗裁即可。布片3正面相對疊合，以珠針固定。

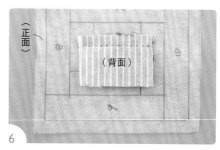

6

紙襯翻至背面縫合，再翻回正面。

7

以手指將布片3翻至正面。

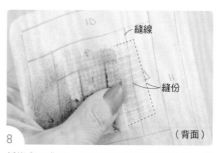

8

紙襯翻至背面，依照布料縫份與縫線位置，修剪布片3多餘布料。

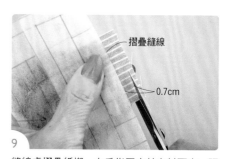

9

縫線處摺疊紙襯，左手指固定於布料下方。預留縫份0.7cm，再修剪多餘布料。

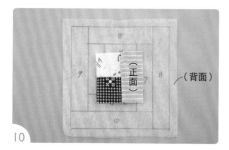

10

布料翻至正面，製作下一片的四組布片。

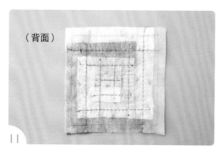

11

同樣縫合至紙襯上，修剪縫份。縫合完成。

12

表面以熨斗整燙，小木屋便完成了！

以貼布縫棒 製作貼布縫

有了貼布縫棒與貼布縫專用紙襯，只需再搭配布用口紅膠，就能輕鬆製作貼布縫了！

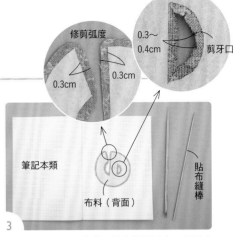

貼布縫棒

圖案
貼布縫專用紙襯光滑面

1
將貼布縫專用紙襯光滑面朝上，放置於圖案上，再以鉛筆描繪輪廓。

布料（背面）
貼布縫專用紙襯光滑面朝下

2
依輪廓線裁剪，布片背面重疊光滑面朝下的貼布縫專用紙襯，以熨斗熨燙貼合。

修剪弧度　0.3～0.4cm　剪牙口
0.3cm　0.3cm
筆記本類
布料（背面）
貼布縫棒

3
外加縫份0.3cm再裁剪。邊角修剪弧度，內弧度剪牙口，請放置於較柔軟的筆記本或傳單上。

4
於縫份處塗上布用口紅膠，稍微沾到貼布縫專用紙襯也沒關係。

5
使用貼布縫棒摺疊縫份。左手的棒子於處理大範圍面積時，可輔助固定。面積較小時，可使用另一頭的單邊尖端即可。

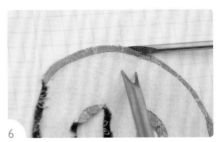

6
先使用一支貼布縫棒固定布片，另一支的斜角伸入縫份下方。

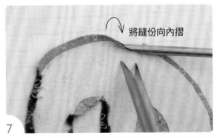

將縫份向內摺

7
以貼布縫棒輔助，將縫份往內摺，依此方式沿著貼布縫專用紙襯的輪廓，將所有縫份向內貼摺。

固定邊端

8
將貼布縫棒放倒，並施力按壓直線邊端，製作壓痕。

倒下

9
依方才壓出的褶痕進行摺疊，即可完成漂亮邊角。

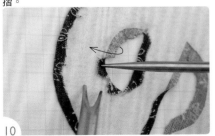

10
使用貼布縫棒的尖端側，貼摺內弧度的縫份。

（背面）

11
將一整圈的縫份貼摺，即可完成貼布縫片。

（正面）

12
於貼布縫片背面塗上布用口紅膠，放置於底布上，再以立針縫固定即可。

多片布料組合拼接の 貼布縫

由多片布料組合的複雜貼布縫。
重疊描圖紙貼合，一起放置於底布上製作會更為輕鬆。
一起先從貼布縫基礎開始進行吧！

1
製作最底層的家①部分。貼布縫專用紙襯光滑面放置於圖案上方描繪，依此方式將圖案各別裁剪。

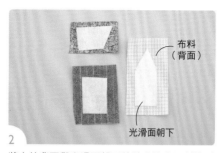

布料（背面）
光滑面朝下

2
將布片背面與光滑面朝下的貼布縫專用紙襯重疊，並熨燙貼合。

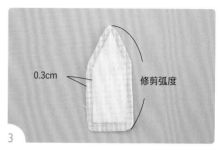

0.3cm　修剪弧度

3
外加縫份0.3cm後裁剪，並將邊角縫份修剪為圓弧狀。

筆記本

4
放置於筆記本上，於不與其他布料重疊的側邊塗上布用口紅膠。

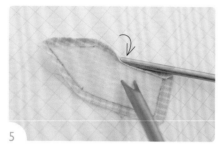

5
使用貼布縫棒摺疊縫份貼合。

稍微施力深壓製作褶痕

6
以貼布縫棒尖端壓住邊角，製作褶痕。

摺疊

7
將兩側邊角以直角的方式摺疊，即可完成牆壁布片。

布料（背面）　★=貼合的側邊

8
於屋頂、家的側面牆壁的重疊面，塗上布用口紅膠，並使用貼布縫棒貼合縫份。

描圖紙

9
圖案上放置描圖紙，以鉛筆描繪半透明的圖案。

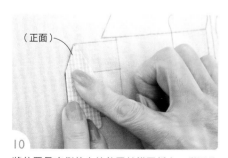

（正面）

10
將放置最底側的布片放置於描圖紙上，僅這塊布片的背面需整體塗上布用口紅膠。

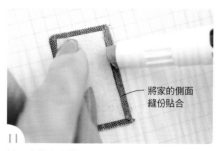

將家的側面縫份貼合

11
接下來的布片僅有重疊側需塗上布用口紅膠。

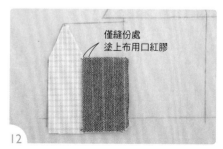

僅縫份處塗上布用口紅膠

12
將側面接縫布片與重疊10步驟布片的縫份貼合。接下來的布片僅有縫份處塗上布用口紅膠，貼布縫專用紙襯則無需黏貼。

貼布縫完成

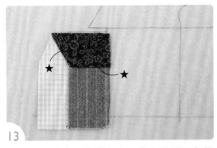

13 摺疊縫份貼合兩邊（★），塗上布用口紅膠後，放置屋頂布片貼合。如此一來家①的三片布片即完成。

14 依家②、木③、木④、家⑤的順序重疊貼合描圖紙上，這樣貼布縫圖案的區塊即完成。

15 為避免破壞圖案區塊的立體感，請以熨斗中溫按壓熨燙整體。

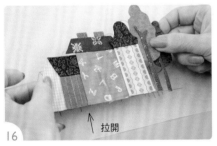

16 小心地將布片整體拉起，將圖案區塊與描圖紙分離。

17 翻至背面，全體塗上布用口紅膠。

18 擺放於貼布縫底布上貼合。

19 為避免脫落，請輕輕托起底布，將貼布縫以1股立針縫縫合，縫線顏色選擇與貼布縫的顏色相近即可。

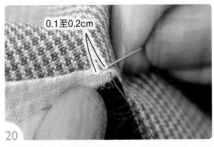

20 立針縫的針趾間隔盡量密集，沿著褶線內側挑線（為了教學辨識，特別選用顏色明顯的縫線）。

21 拉線，針趾呈直向。周圍一圈縫合完成後，內側的拼接與布片皆進行立針縫。

22 窗戶與門這類的小布片，同樣以貼布縫紙襯與貼布縫棒輔助製作。

23 於布片背面分別塗上布用口紅膠，再以立針縫固定。

24 完成全部的貼布縫，便可製作刺繡裝飾。

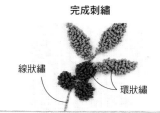

線狀繡 環狀繡

俄羅斯刺繡

將繡線穿過針刺棒，開始進行刺繡。
先由布料背面繡上環狀繡（背面繡），
再由正面繡回針繡的線狀繡（正面繡）。

描圖紙　　　　　刺繡布（背面）

1 從布料背面刺繡，所以圖案需翻面以相反方向描繪。將鉛筆線側和布料刺繡面相對，手指摩擦轉印圖案。

繡框

超出底框一些
布料（背面）

2 將布料繃在壓線框上，底框與布料需繃至稍微凸起，才可避免布料移位。

拉緊

3 一邊鎖螺絲一邊拉緊布料。重複二至三圈後，布料就會像鼓面般緊實。底框可徹底固定布料，輔助繡出漂亮的圖案。

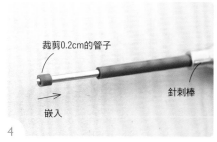

裁剪0.2cm的管子

針刺棒

嵌入

4 以剪刀裁剪管子，嵌入針刺棒尖端。雖然可以配合布料厚度改變長度，但一片布料刺繡時還是以0.2cm為佳。

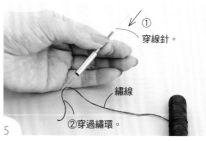

① 穿線針。

繡線

②穿過繡環。

5 針刺棒插入穿線針，將繡環拉出。繡環穿入25號繡線三股。

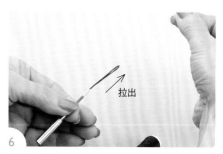

拉出

6 穿線針拉出。

穿線針

7 繡線穿著繡環，穿線針穿過針刺棒的斜向側孔。

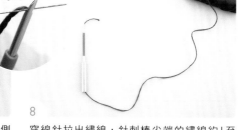

8 穿線針拉出繡線，針刺棒尖端的繡線約1至2cm。縫針與縫線即準備完成。

9 就像使用鉛筆般的拿起針刺棒，手請勿碰觸到繡線。

環狀繡（背面繡）

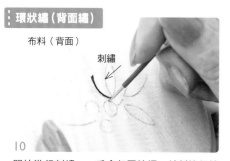

布料（背面）

刺繡

10 開始進行刺繡。一手拿起壓線框，針刺棒保持垂直角度進行刺繡。

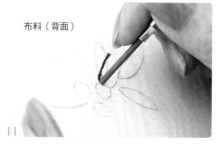

布料（背面）

11 每一次刺繡均需刺到調節管為止，繡線端不需處理。

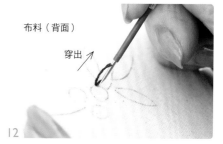

布料（背面）

穿出

12 提針，針的尖端不可提起，請直接往前滑動0.1cm刺繡。

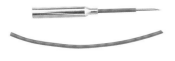

| 【針刺棒】刺繡針（三股線）。 |
| 【調節管】刺繡深淺長度調節用。 |
| 【穿線針】穿繡線用。 |

針刺棒

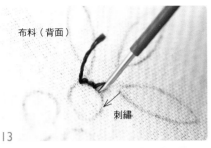

13
開始進行刺繡，下針之後，再抬起針滑動至下一個繡點。

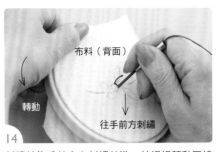

14
刺繡針往手前方向刺繡前進，並慢慢轉動壓線框。

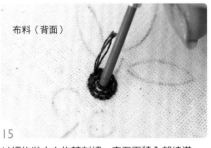

15
以螺旋狀方向旋轉刺繡，直至面積全部填滿。

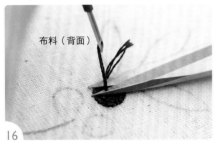

16
從繡針稍稍拉出繡線，修剪邊緣處，始繡處的線頭也一併修除。

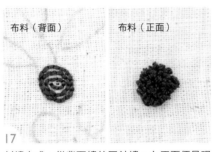

17
刺繡完成。從背面繡的回針繡，在正面便呈現美麗的環狀繡。

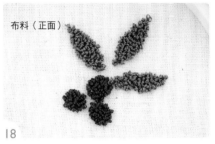

18
以相同作法製作葉片刺繡。

線狀繡（正面繡）

19
刺繡莖部。莖部採回針繡，從布料表面進行刺繡。以鉛筆描繪圖案背面後，以手摩擦圖案轉印。

20
這次由布料表面進行刺繡（回針繡），使繡線端由背面拉出。

21
每繡完一個圖案，皆需裁剪繡線。將繡線調鬆一些，預留1cm後裁剪。

22
線狀繡完成，從背面看繡線呈環狀。

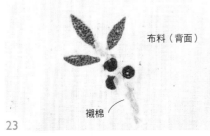

23
比起密集繡線的環狀繡，線狀繡較容易脫落，因此將裁剪成小片的襯棉貼於環狀線上，以熨斗熨燙線狀繡圖案輔助固定。

24
俄羅斯刺繡的刺繡作品完成。從側面看環狀線顯得更有立體感。

裁剪布片　製作紙型，於布料上製作記號後再裁剪。

以拼布專用墊製作紙型

使用市售的半透明裁墊，描繪紙型後再以剪刀裁剪。
選用半透明材質，除了可確認布料圖案之外，也便於製作記號。

以厚紙板製作紙型

影印本書附贈的紙型，
置於厚紙板上，
再以尖錐於四角鑿孔。
依留在厚紙板上的孔洞記號
以尺描繪，並以剪刀裁剪後
製作紙型。

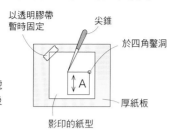

裁剪布片

以熨斗整燙布料，
置於拼布專用墊上，
並於紙型周圍
製作記號。
預留縫份後，
再描繪下一個布片。

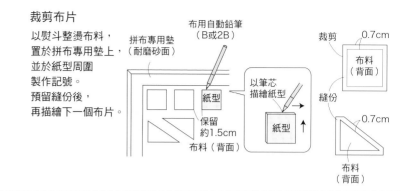

拼縫布片　廣義而言，將布片接合即可稱為拼布。

縫法與縫線

使用戒指頂針器，進行平針縫。
為使這道縫線不明顯，
建議使用原色或是灰色……等的中性色調
的縫線。縫合後，將縫份一起倒向顏色較
深的那側。

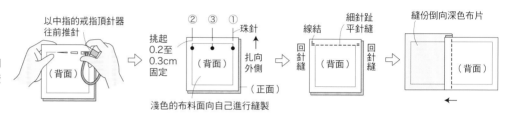

鑲嵌布片的拼接縫法

六角形或菱形……等，
無法以一直線縫合的布片，
不需縫至縫份，僅需縫至記號處。
避開縫份後，便能與下一片布片接縫，
此縫法稱為鑲嵌布片的拼接縫法。

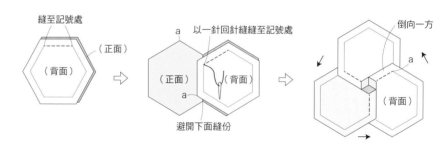

以縫紉機車縫的拼接縫法

使用縫紉機車縫製作拼接布片時，
請以細針趾車縫。
連著一起車縫布片，不但省時，
效率也提高了，完成後記得將縫份燙開。

善用拼接縫紙拼接

拼接縫紙描繪圖案，
拼接縫紙可直接車縫製作。

壓線準備　拼縫布片所完成的整片布稱為表布，與鋪棉、裡布重疊後，即完成壓線前的準備工作。

描繪壓線線條

以布用自動鉛筆於表布上繪製線條。
請快速劃過，並將筆芯殘留的多餘鉛
粉抖落，進行格紋壓線時，搭配方眼
尺較為便利。

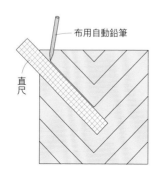

壓線準備

鋪棉與裡布的縫份
需各自外加2cm。
重疊表布、鋪棉與裡布後，
以安全別針固定，
再由中心向外側進行固定。

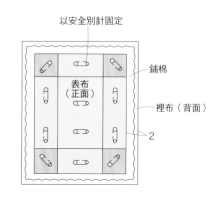

將表布‧鋪棉與裡布三層疏縫好的布料縫合，稱為壓線。

手壓線＆針距

取單股手縫線進行壓線，顏色盡量與表布相同。
請以細針趾進行壓線，且縫針需深至裡布。
針距建議保持0.1至0.2cm。

壓線於始縫處與止縫處時，同樣皆於布的正面作處理。
始縫製作線結，止縫時需進行兩次回針縫。
剪線，壓線完成後拆下安全別針。

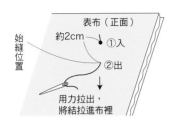

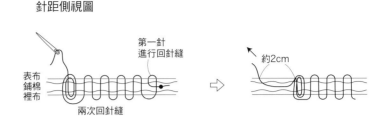

針距側視圖

頂針器（指套）的使用方式

將指套器套於持針手的中指上，並將頂針器戴於另一手的中指。
以頂針器頂針，將針尖抵住頂針器往上推，使針尖穿出正面。

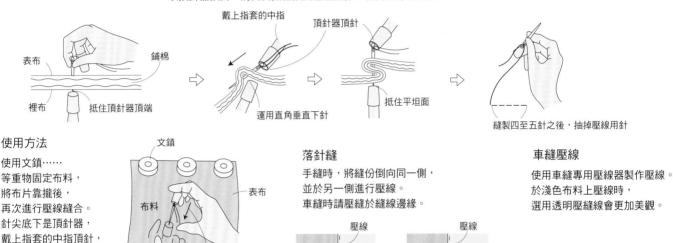

使用方法

使用文鎮……
等重物固定布料，
將布片靠攏後，
再次進行壓線縫合。
針尖底下是頂針器，
戴上指套的中指頂針，
大拇指按著布料。

落針縫

手縫時，將縫份倒向同一側，
並於另一側進行壓線。
車縫時請壓縫於縫線邊緣。

壓線　　　壓線

車縫壓線

使用車縫專用壓線器製作壓線。
於淺色布料上壓線時，
選用透明壓縫線會更加美觀。

縫製手提包、化妝包……等布作周圍，處理縫份後進行壓線。

重疊裡布及鋪棉後，與表布正面相對疊合車縫周圍。縫份熨燙整理翻至正面。返口進行藏針縫，以安全別針固定壓線。
將兩組正面相對疊合，僅挑起表布進行細密捲針縫。

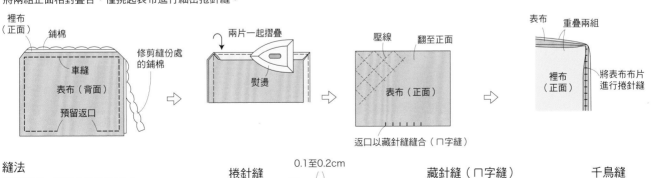

縫法

捲針縫是一種縫合布片的方式。
將褶邊處以細針趾挑起布料縫合。
藏針縫（ㄇ字縫）是將預留的返口，
翻至正面後縫合的方法。
而千鳥縫則是處理縫份邊端使用。

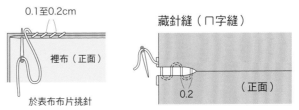

※數字的單位為cm。裁布圖皆不含縫份。
※刺繡除了指定處之外，皆為25號繡線三股。
※裁剪時，除了拼縫布片與貼布縫之外，縫份皆為1cm。

P.4 NO.01

材料

貼布縫用布　適量
（水藍色條紋布）110cm×35cm
拼縫用布片適量
表布（藍色條紋布）40cm×40cm
配色布（藍色格紋布）14cm×55cm
裡布（米色印花布）110cm×40cm
鋪棉　100cm×40cm
雙頭拉鍊　長40cm　1條
腰帶襯　寬2cm　長100cm
拉鍊拉片　2組
各式鈕釦　共9個
25號繡線（藍色・水藍色・酒紅色）

※原寸紙型　A面

側面2片（表布・鋪棉・裡布）

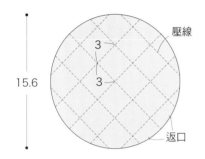

壓線
3
3
15.6
返口

提把 2條（配色布）

7
55

拉鍊口布 2片（表布・鋪棉）

拉鍊組裝處
返口　摺雙
2
36

袋布 1片（表布・鋪棉・裡布）

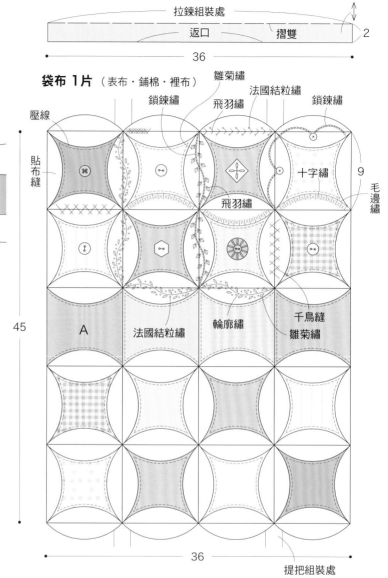

雛菊繡
鎖鍊繡
飛羽繡
法國結粒繡
鎖鍊繡
壓線
貼布縫
十字繡
飛羽繡
毛邊繡
9
45
A
法國結粒繡
輪廓繡
千鳥縫
雛菊繡
36
提把組裝處

作法

1 拼縫布片製作表布，再進行貼布縫。

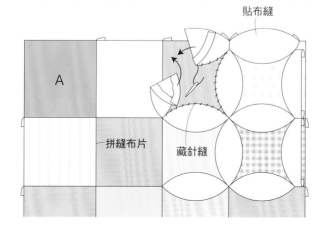

貼布縫
A
拼縫布片
藏針縫

2 重疊裡布、鋪棉，
再與表布正面相對疊合，車縫側身。

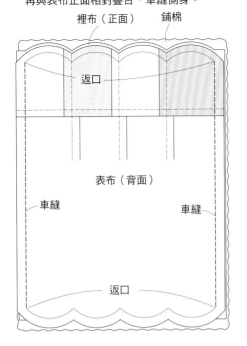

裡布（正面）　鋪棉
返口
表布（背面）
車縫　　　　車縫
返口

3 翻至正面，進行壓線與刺繡（P.88），
完成袋身製作。

修剪縫份處之鋪棉
摺疊布料縫份後進行藏針縫
刺繡
裡布
袋身（正面）
縫製鈕釦

4 摺疊提把車縫。

摺疊1cm　　　2
腰帶襯
（背面）
提把（正面）
壓線0.1cm

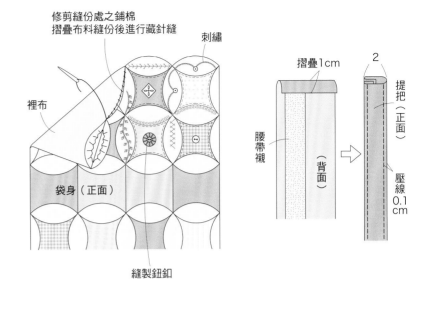

5 重疊拉鍊口布與鋪棉車縫，翻至正面再車縫拉鍊。

預留返口18cm　重疊鋪棉
（背面）
摺雙　車縫

翻至正面
返口進行藏針縫
共製作兩片

縫合2cm　　對齊
壓縫0.7cm　　拉鍊口布（正面）
拉鍊（背面）　　　雙頭拉鍊（正面）

千鳥縫　　拉鍊口布（背面）

6 車縫側身，再翻至正面壓線。

鋪棉　　裡布（正面）
翻至正面進行壓線
側身
表布（背面）
車縫
側身（正面）
預留返口　　返口進行藏針縫

※修剪縫份處之鋪棉。

完成

7 組裝拉鍊口布與袋身。

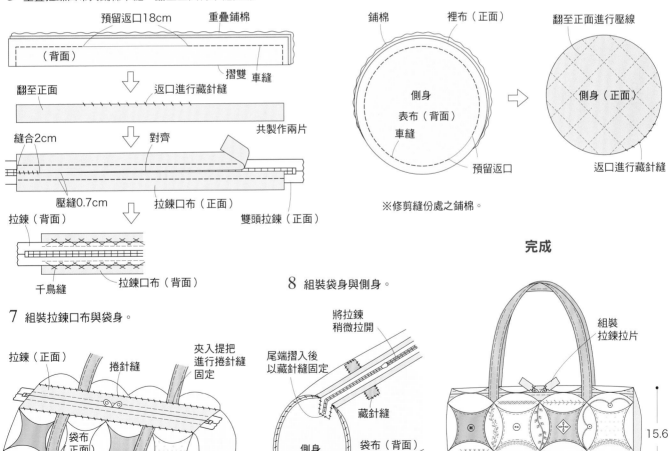

拉鍊（正面）
捲針縫
夾入提把
進行捲針縫
固定
袋布（正面）
提把

8 組裝袋身與側身。

將拉鍊稍微拉開
尾端摺入後
以藏針縫固定
藏針縫
側身（背面）
袋布（背面）
僅挑起表布進行捲針縫

組裝拉鍊拉片
15.6
36

材料

拼縫布片、貼布縫用布　適量
表布（藍色條紋布）110cm×40cm
配色布（藍色素色布・紅色格紋布）各36cm×18cm
裡布（白色印花布）110cm×40cm
鋪棉　80cm×50cm

拉鍊　長40cm　2條
皮革提把　寬1.5cm　長102cm
鈕釦　直徑1.1cm　8個
貼布縫貼紙　適量

※數字的單位為cm

※原寸紙型　A面

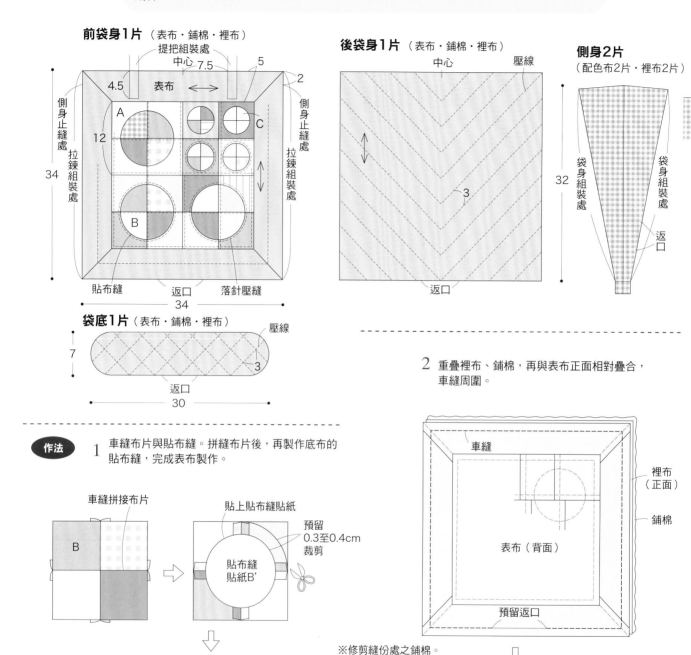

前袋身1片（表布・鋪棉・裡布）
提把組裝處
中心　7.5　　5
4.5　表布　←→　2
側身止縫處
側身止縫處
拉鍊組裝處
拉鍊組裝處
A
12
C
B
34
貼布縫　　返口　　落針壓縫
34

後袋身1片（表布・鋪棉・裡布）
中心　　　壓線
3
32
返口

側身2片
（配色布2片・裡布2片）
袋身組裝處
袋身組裝處
返口

袋底1片（表布・鋪棉・裡布）
壓線
7　　3
返口
30

作法

1　車縫布片與貼布縫。拼縫布片後，再製作底布的貼布縫，完成表布製作。

車縫拼接布片
B

貼上貼布縫貼紙
貼布縫貼紙B'
預留
0.3至0.4cm
裁剪

車縫
A
表布（正面）
B
拼縫布片製作底布
將縫份摺入以藏針縫固定

2　重疊裡布、鋪棉，再與表布正面相對疊合，車縫周圍。

車縫
裡布（正面）
鋪棉
表布（背面）
預留返口

※修剪縫份處之鋪棉。

壓線
翻至正面
袋身（正面）
B
C

3 車縫袋底後，翻至正面進行壓線。

※修剪縫份處之鋪棉。

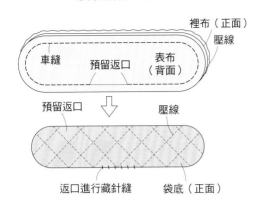

裡布（正面）
壓線
車縫
預留返口
表布（背面）

預留返口
壓線

返口進行藏針縫
袋底（正面）

4 袋身與底袋進行捲針縫。

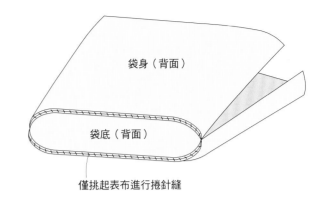

袋身（背面）

袋底（背面）

僅挑起表布進行捲針縫

5 於袋身組裝拉鍊。

摺入拉鍊邊端

袋身（背面）

袋身（背面）

拉鍊（背面）

回針縫

藏針縫

6 車縫側身，並翻至正面。

裡布（正面）

配色布（背面）

車縫

預留返口

側身（正面）

配色布

翻至正面

返口進行藏針縫

※藍色素色布以相同作法車縫。

完成

7 將側身組裝於拉鍊兩側。

藏針縫

側身（背面）
裡布

袋身（背面）

藏針縫

袋底

8 組裝鈕釦與提把。

51cm的皮革提把

袋身（正面）

縫製鈕釦

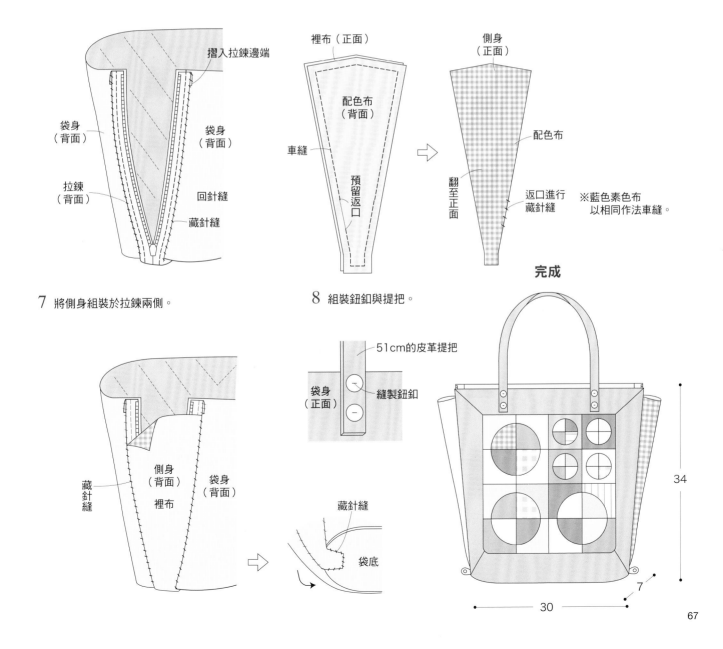

34

7

30

材料

貼布縫用布　適量
拼縫用布片（藍色5種）各9cm×19cm
表布（藍色素色布）40cm×40cm
配色布（藍色印花布）40cm×35cm
裡布（米色印花布）40cm×70cm
鋪棉　35cm×70cm
拉鍊　長30cm　1條
拉鍊拉片　1組
D型環　內徑1.2cm　2個
25號繡線（藍色・水藍色・酒紅色・原色・奶油色）
側背帶　1.5cm×115cm　1條

※原寸紙型　A面

側身 2片
（配色布・鋪棉・裡布）

- 1.5
- 19.7
- 返口
- 壓線 1.5 cm
- 7.5

袋身 1片 （表布・鋪棉・裡布）

※數字的單位為cm

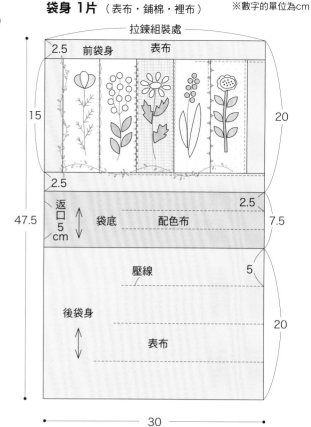

- 拉鍊組裝處
- 2.5　前袋身　表布
- 15
- 20
- 2.5
- 返口 5 cm　袋底　配色布　2.5
- 7.5
- 47.5
- 壓線　5
- 後袋身
- 表布
- 20
- 30

作法

1 拼縫布片完成表布，製作貼布縫與刺繡（P.88）。
重疊裡布、鋪棉，再與表布正面相對疊合，車縫周圍。翻至正面進行壓線。

- 裡布（正面）
- 鋪棉
- 拼縫布片
- 預留返口
- 表布（背面）
- 車縫

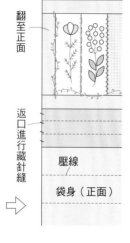

- 翻至正面
- 返口進行藏針縫
- 壓線
- 袋身（正面）
- ※修剪縫份處之鋪棉。

2 車縫側身，再翻至正面進行壓線。

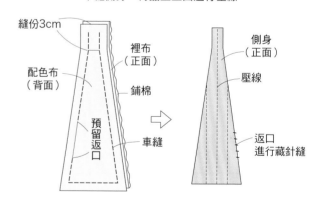

- 縫份3cm
- 配色布（背面）
- 裡布（正面）
- 鋪棉
- 預留返口
- 車縫
- 側身（正面）
- 壓線
- 返口進行藏針縫

3 重疊袋身與側身，進行捲針縫。

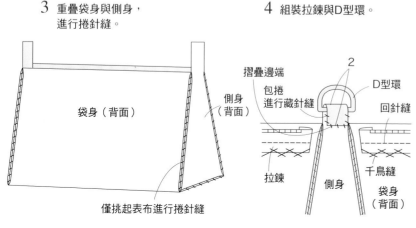

- 袋身（背面）
- 側身（背面）
- 僅挑起表布進行捲針縫

4 組裝拉鍊與D型環。

- 摺疊邊端
- 包捲進行藏針縫
- 2
- D型環
- 回針縫
- 拉鍊
- 側身
- 千鳥縫
- 袋身（背面）

完成

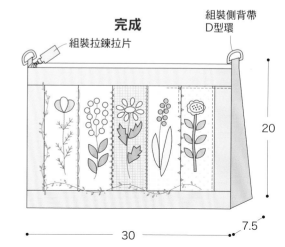

- 組裝拉鍊拉片
- 組裝側背帶 D型環
- 20
- 30
- 7.5

※數字的單位為cm

材料
拼縫布片　適量
表布（水藍色素色布）23cm×23cm
裡布（米色印花布）25cm×40cm
鋪棉　25cm×40cm
拉鍊　長20cm　1條
拉鍊拉片　1組
25號繡線（藍色・水藍色・酒紅色）
紙襯　適量

※原寸紙型　A面

作法

1　以紙襯製作紙型。
　　依數字順序拼接布片，
　　製作四個圖案區塊製作表布。
　　完成後再進行刺繡（P.88）。

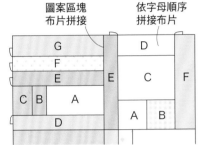

圖案區塊　　　　　依字母順序
布片拼接　　　　　拼接布片

2　重疊表布、鋪棉，
　　再與裡布正面相對疊合，
　　車縫周圍。

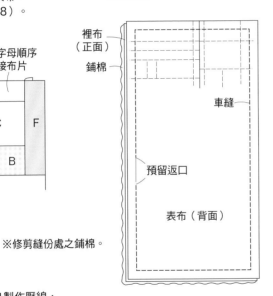

裡布（正面）
鋪棉
車縫
預留返口
表布（背面）

※修剪縫份處之鋪棉。

袋身1片（表布・鋪棉・裡布）

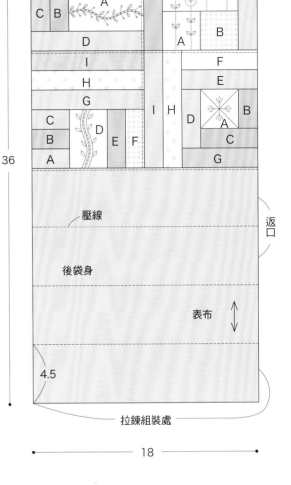

前袋身　　　拉鍊組裝處
36
壓線
後袋身
表布
返口
4.5
拉鍊組裝處
18

3　翻至正面，於袋身製作壓線，
　　側身進行捲針縫。

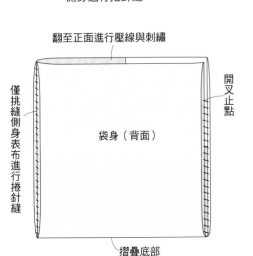

翻至正面進行壓線與刺繡
僅挑縫側身表布進行捲針縫
開叉止點
袋身（背面）
摺疊底部

4　組裝拉鍊。

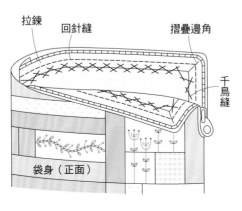

拉鍊
回針縫
摺疊邊角
千鳥縫
袋身（正面）

完成

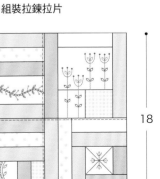

組裝拉鍊拉片
18
18

※數字的單位為cm

材料
拼縫布片　適量
表布（藍色格紋布）80cm×55cm
裡布（米色印花布）55cm×70cm
鋪棉　55cm×70cm
皮革提把　1.5cm×70cm
磁釦　直徑1cm　1組
暗釦　直徑1cm　1組

※原寸紙型　P.73

作法

1 拼縫布片製作表布。

袋身1片（表布・鋪棉・裡布）

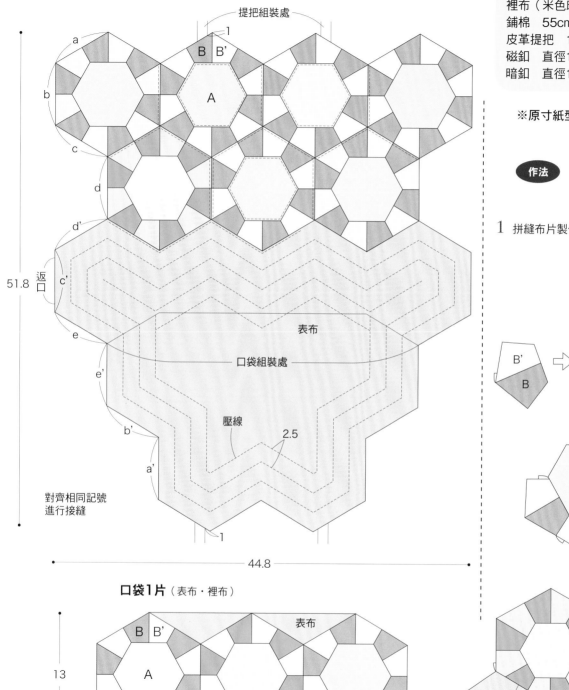

口袋1片（表布・裡布）

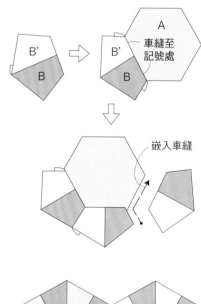

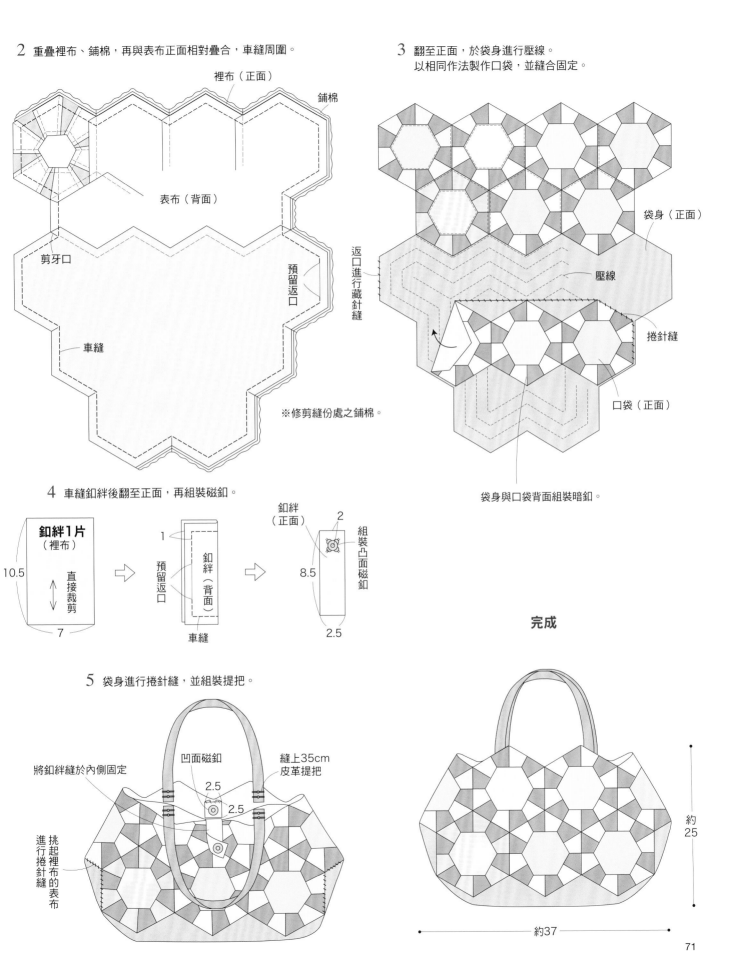

2 重疊裡布、鋪棉，再與表布正面相對疊合，車縫周圍。

裡布（正面）

鋪棉

表布（背面）

剪牙口

預留返口

車縫

返口進行藏針縫

※修剪縫份處之鋪棉。

3 翻至正面，於袋身進行壓線。
以相同作法製作口袋，並縫合固定。

袋身（正面）

壓線

捲針縫

口袋（正面）

袋身與口袋背面組裝暗釦。

4 車縫釦絆後翻至正面，再組裝磁釦。

釦絆1片
（裡布）

10.5

直接裁剪

7

1

預留返口

釦絆（背面）

車縫

釦絆（正面）

2

8.5

組裝凸面磁釦

2.5

完成

5 袋身進行捲針縫，並組裝提把。

將釦絆縫於內側固定

凹面磁釦

縫上35cm皮革提把

2.5

2.5

挑起裡布的表布進行捲針縫

約25

約37

※數字的單位為cm

材料
拼縫布片　適量
裡布（米色印花布）50cm×20cm
拉鍊　長25cm　1條
拉鍊拉片　1組
鈕釦　共8個

※原寸紙型　P.73

作法

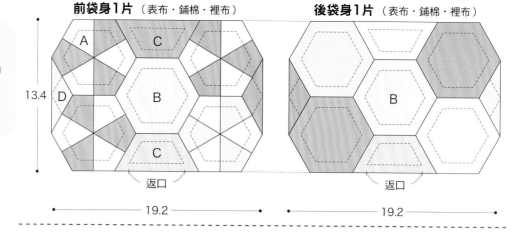

前袋身1片（表布・鋪棉・裡布）
後袋身1片（表布・鋪棉・裡布）
13.4
A　C　D　B　C　返口
B　返口
19.2　19.2

1　拼縫布片製作表布。

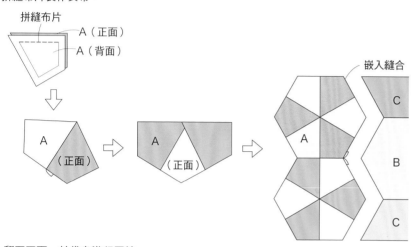

拼縫布片
A（正面）
A（背面）
A（正面）
A（正面）
嵌入縫合
C　A　B　C

2　重疊裡布、鋪棉，再與表布正面相對疊合，車縫周圍。

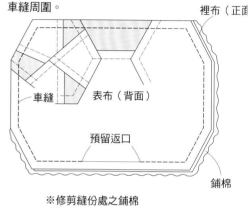

裡布（正面）
車縫
表布（背面）
預留返口
鋪棉
※修剪縫份處之鋪棉

3　翻至正面，於袋身進行壓線。

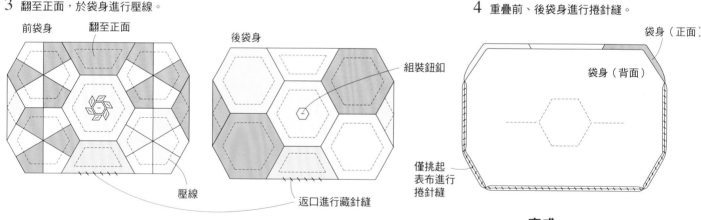

前袋身　翻至正面
後袋身
組裝鈕釦
壓線
返口進行藏針縫

4　重疊前、後袋身進行捲針縫。

袋身（正面）
袋身（背面）
僅挑起表布進行捲針縫

5　組裝拉鍊。

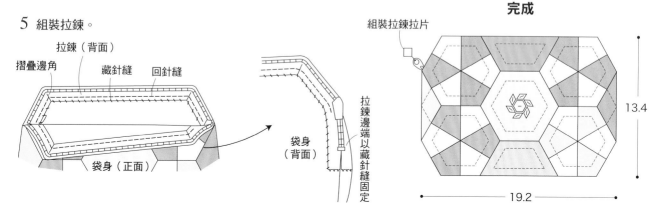

拉鍊（背面）
摺疊邊角　藏針縫　回針縫
袋身（正面）
袋身（背面）
拉鍊邊端以藏針縫固定
組裝拉鍊拉片

完成

13.4
19.2

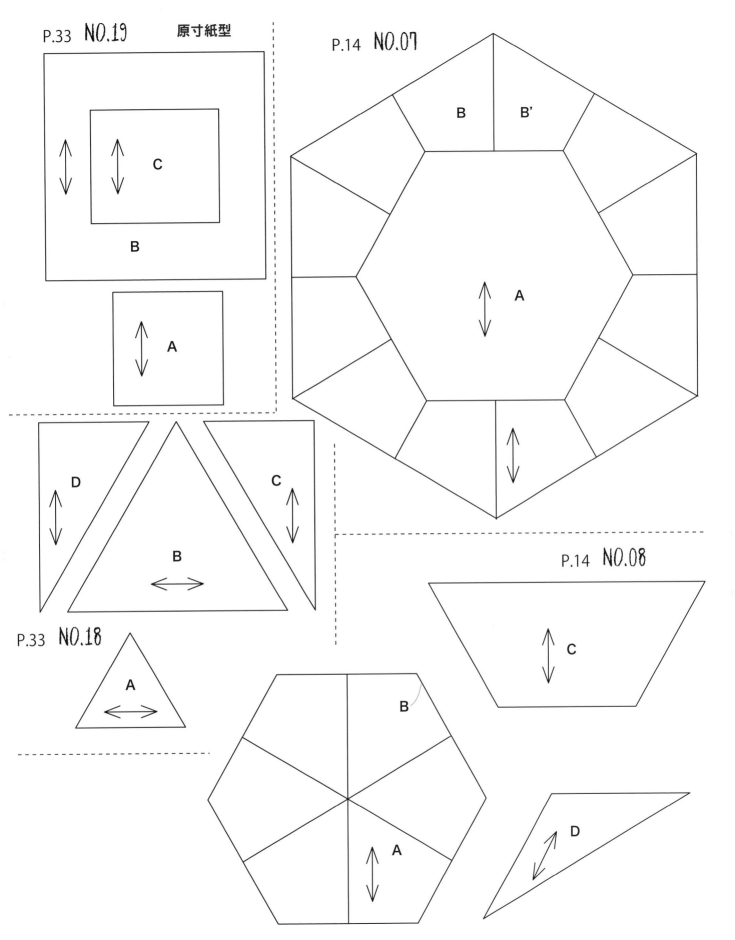

P.33 NO.19　　原寸紙型

C

B

A

P.14 NO.07

B　B'

A

P.33 NO.18

D　C

B

A

P.14 NO.08

C

B

A

D

※數字的單位為cm

材料

拼縫用布片　適量
表布（水藍色素色布）35cm×15cm
配色布（藍色印花布）25cm×15cm
a布（藍色格紋布）18cm×4cm
裡布（白色印花布）60cm×25cm
鋪棉　60cm×20cm
雙頭拉鍊　長55cm　1條
腰帶襯　寬1cm　長16cm
拉鍊拉片　2組
鈕釦　共15個

※原寸紙型　B面

釦絆A
（表布2片）

釦絆B
（裡布1片）

裁剪
4
5

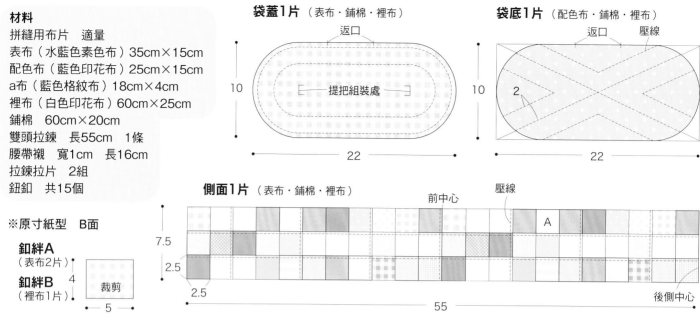

袋蓋1片（表布・鋪棉・裡布）
返口
提把組裝處
10
22

袋底1片（配色布・鋪棉・裡布）
返口　壓線
10
2
22

側面1片（表布・鋪棉・裡布）
前中心　壓線
A
7.5
2.5
2.5
55
後側中心

作法

1 製作釦絆A。車縫袋蓋，並夾車釦絆固定。

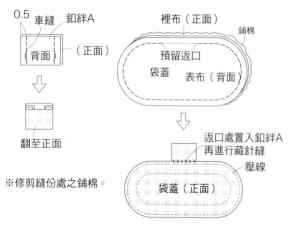

0.5
車縫　釦絆A
（背面）（正面）

翻至正面

※修剪縫份處之鋪棉。

裡布（正面）
鋪棉
預留返口
袋蓋　表布（背面）

返口處置入釦絆A
再進行藏針縫
壓線
袋蓋（正面）

製作袋底無需縫製釦絆

2 拼縫布片製作表布。重疊裡布、鋪棉，再與表布正面相對疊合，車縫周圍。翻至正面後，製作側身壓線。縫合後側中心並組裝袋底。

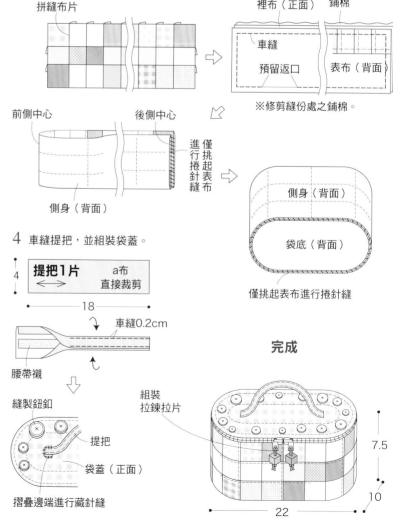

拼縫布片

裡布（正面）　鋪棉

車縫
預留返口
表布（背面）

※修剪縫份處之鋪棉。

前側中心　後側中心

側身（背面）

進行捲針縫
僅挑起表布

側身（背面）
袋底（背面）

僅挑起表布進行捲針縫

3 於袋蓋與側身上組裝拉鍊，再縫合釦絆B。

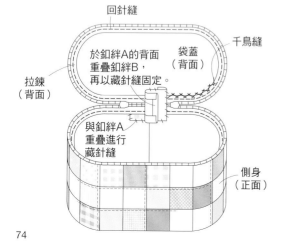

回針縫
千鳥縫
於釦絆A的背面重疊釦絆B，再以藏針縫固定
拉鍊（背面）
袋蓋（背面）
與釦絆A重疊進行藏針縫
側身（正面）

4 車縫提把，並組裝袋蓋。

提把1片　a布　直接裁剪
4
18

車縫0.2cm
腰帶襯

縫製鈕釦
提把
袋蓋（正面）
摺疊邊端進行藏針縫

組裝拉鍊拉片

完成

7.5
10
22

材料
拼縫用布片　適量
表布（藍色印花布）25cm×35cm
配色布（藍色印花布）25cm×15cm
a布（紅色印花布）6cm×17cm
裡布（白色印花布）25cm×60cm
魔鬼氈　1cm×8cm
鈕釦　共8個

※原寸紙型　P.73

作法

1　車縫袋蓋。

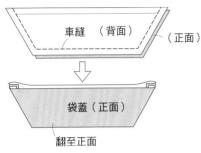

車縫　（背面）　（正面）

袋蓋（正面）
翻至正面

3　拼縫布片。先與裡布重疊，
　　再放入提把與袋蓋，車縫上、下端。

車縫

前表袋身（背面）

與後袋身一起車縫

裡布（正面）

表布（背面）

後袋身

車縫

袋蓋　提把　夾車

提把1片（a布）

17　直接裁剪

— 6 —

袋蓋1片（配色布2片）

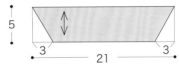

5
3　21　3

2　摺疊提把進行車縫。

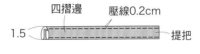

四摺邊　壓線0.2cm
1.5　提把

4　分別摺疊對齊表布、裡布的底邊中心，
　　車縫側身與底角。

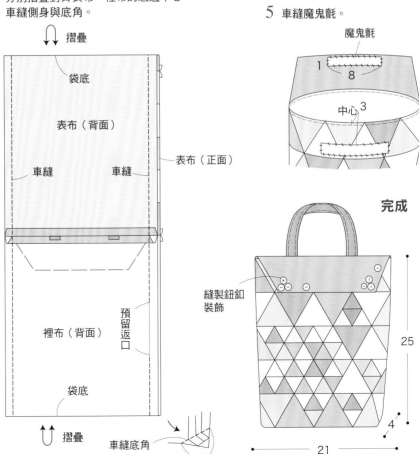

摺疊

袋底

表布（背面）

表布（正面）

車縫　車縫

裡布（背面）

預留返口

袋底

摺疊

車縫底角
4

袋身1片（表布・裡布）　　※數字的單位為cm

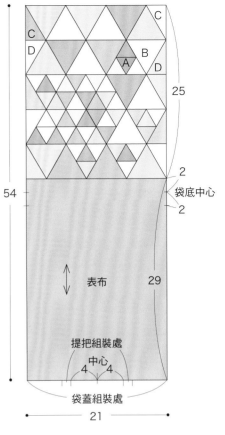

C　C
D　B
A
D

25
2
袋底中心
2

54

表布　29

提把組裝處
中心
4　4
袋蓋組裝處

— 21 —

5　車縫魔鬼氈。

魔鬼氈
1
8
中心　3

完成

縫製鈕釦
裝飾

25

4
— 21 —

※數字的單位為cm

材料

拼縫用布片　適量
表布（藍色印花布）25cm×25cm
裡布（原色印花布）60cm×25cm
鋪棉　55cm×25cm
魔鬼氈　2.5cm×12cm
各式鈕釦・蕾絲1片
磁釦　直徑1cm　1組

※原寸紙型　P.73

本體1片（表布・鋪棉・裡布）

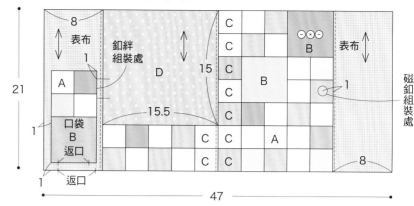

1 拼縫布片完成口袋表布，
　與裡布正面相對疊合車縫，完成後再翻至正面。

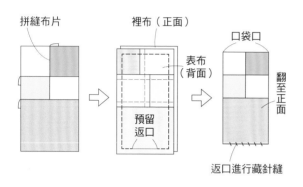

2 拼縫布片完成本體表布。
　重疊裡布、鋪棉，再與表布正面相對疊合，車縫周圍。

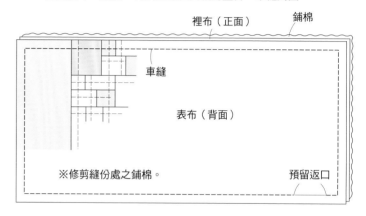

3 製作鈕絆。

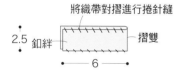

4 摺疊兩端，並車縫上、下側固定。

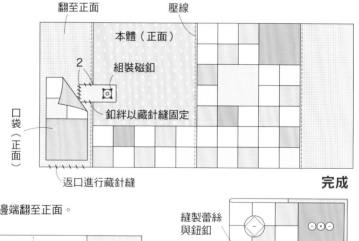

完成

5 摺疊兩端，並車縫上、下側固定。

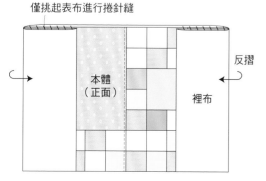

6 邊端翻至正面。

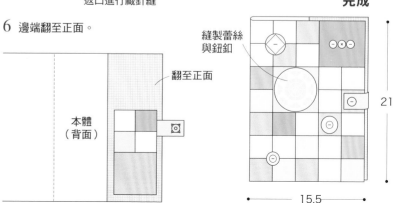

材料

拼縫布片　適量
表布（水藍色印花布）25cm×15cm
裡布（原色印花布）30cm×25cm
鋪棉　30cm×25cm
蕾絲　寬1.2cm　長10cm
附鎖鍊口金　寬7.5cm　高6cm　1個
鈕釦　7個・MOCO繡線（藍色）
25號繡線（藍色・原色）
紙襯　適量

作法

1　以紙襯製作表布。

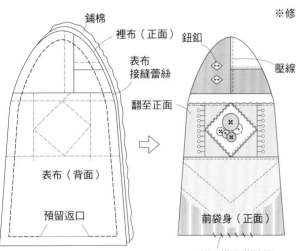

紙襯拼縫布片

※修剪縫份處之鋪棉。

2　重疊裡布、鋪棉，再與表布正面相對疊合，車縫周圍。翻至正面進行壓線與刺繡（P.88）。

鋪棉
裡布（正面）
鈕釦
壓線
表布
接縫蕾絲
翻至正面
表布（背面）
預留返口
前袋身（正面）
返口進行藏針縫

3　於前、後袋身組裝口金。縫合周圍再翻至正面。

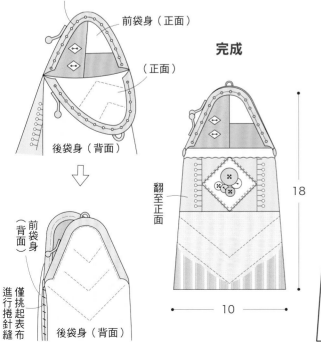

MOCO（藍色）回針縫
前袋身（正面）
（正面）
後袋身（背面）
完成
翻至正面
僅挑起表布進行捲針縫
前袋身（背面）
後袋身（背面）
18
10

後袋身1片
（表布・鋪棉・裡布）

2

原寸紙型

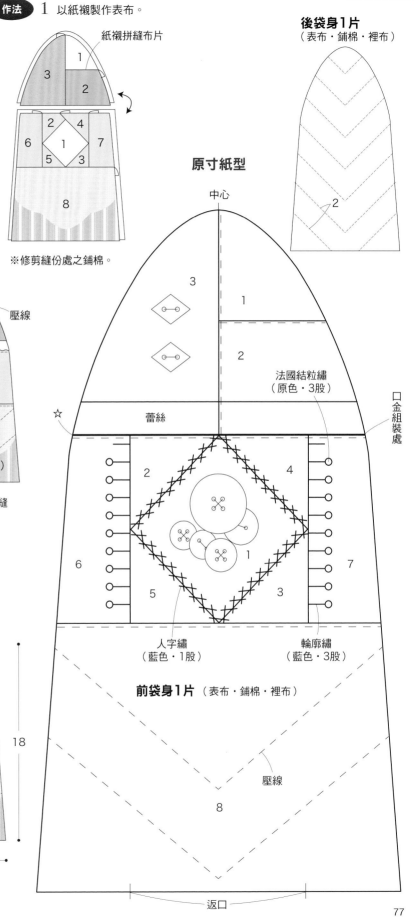

中心
3
1
2
法國結粒繡
（原色・3股）
口金組裝處
蕾絲
☆
2
4
6
1
7
5
3
人字繡
（藍色・1股）
輪廓繡
（藍色・3股）
前袋身1片（表布・鋪棉・裡布）
壓線
8
返口

材料（共用）
不織布（暗紅色）24cm×12cm
裡布（棉質素色布）24cm×12cm
貼布縫用不織布　適量
羊毛繡線（藍色・粉紅色・
淡咖啡色・白色・綠色・淡綠色）
棉花　適量

※羊毛繡線　1股

原寸紙型

本體2片（不織布）裡布2片

※數字的單位為cm

輪廓繡（藍色）
不織布（水藍色）
毛邊繡（粉紅色）
法國結粒繡（淡咖啡色）
不織布（藍色）
不織布（黃色）
輪廓繡（淡咖啡色）
雛菊繡（白色）
輪廓繡（綠色）
直針繡（淡咖啡色）
返口
雛菊繡（綠色）
羽毛繡（淡綠色）
緞面繡（綠色）
法國結粒繡（粉紅色）
鎖鍊繡（藍色）
不織布（淡咖啡色）
輪廓繡（淡咖啡色）
不織布（黃色）
飛羽繡（淡綠色）

作法

1 於前片製作貼布縫與刺繡（P.88）。
再與裡布正面相對，縫合周圍，
自返口翻回正面

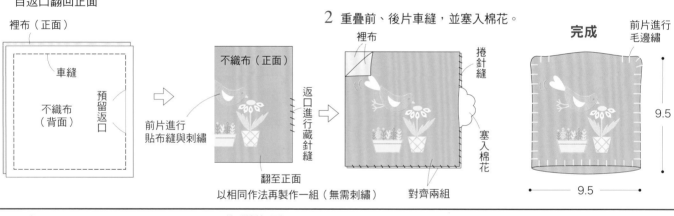

裡布（正面）
車縫
不織布（背面）
預留進行返口

不織布（正面）
前片進行貼布縫與刺繡
翻至正面
以相同作法再製作一組（無需刺繡）

返口進行藏針縫

2 重疊前、後片車縫，並塞入棉花。

裡布
捲針縫
塞入棉花
對齊兩組

完成
前片進行毛邊繡
9.5
9.5

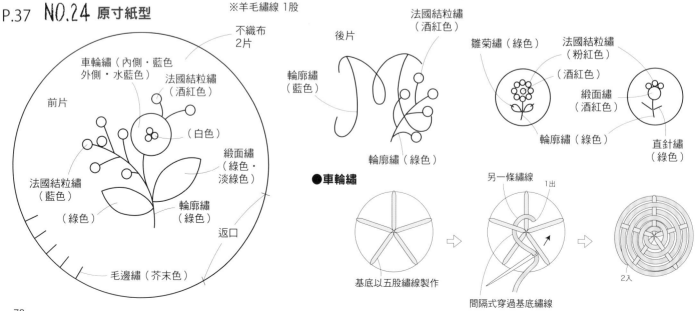

※羊毛繡線 1股

不織布 2片

前片
車輪繡（內側・藍色　外側・水藍色）
法國結粒繡（酒紅色）
（白色）
緞面繡（綠色・淡綠色）
法國結粒繡（藍色）
（綠色）
輪廓繡（綠色）
返口
毛邊繡（芥末色）

後片
輪廓繡（藍色）

法國結粒繡（酒紅色）
雛菊繡（綠色）
輪廓繡（綠色）
輪廓繡（綠色）

法國結粒繡（粉紅色）
（酒紅色）
緞面繡（酒紅色）
直針繡（綠色）

●車輪繡

基底以五股繡線製作
間隔式穿過基底繡線
另一條繡線
1出
2入

本體1片（不織布a・裡布）

※數字的單位為cm

材料（共用）
不織布a（粉藍色）25cm×35cm
不織布b（藍灰色）16cm×8cm
裡布（棉質素色布）25cm×35cm
貼布縫用不織布　適量
羊毛繡線（白色・芥末色・藍色・
深藍色・水藍色・粉紅色・
深粉紅色）
拉鍊　長23cm　1條
包釦　直徑3cm　2個
織帶　0.1cm×15cm

※原寸紙型　B面

裝飾布2片
（不織布b）

※羊毛繡線1股

拉鍊組裝處

底角
底角
2
袋底中心
2
底角
底角
4
32
同右邊花朵
8
拉鍊組裝處
21

作法

1　製作貼布縫與刺繡（P.88）。
　　與裡布一起車縫，將表布與裡布
　　分別摺疊對齊底線，車縫側身底角。

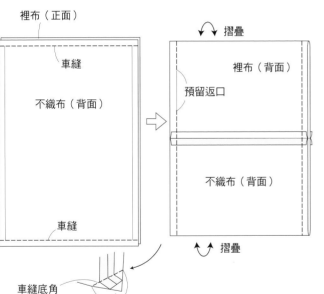

裡布（正面）
車縫
不織布（背面）
車縫
摺疊
裡布（背面）
預留返口
不織布（背面）
摺疊
車縫底角
4

2　翻至正面，組裝拉鍊。

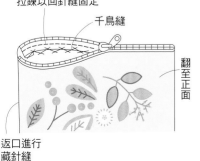

拉鍊以回針縫固定
千鳥縫
翻至正面
返口進行藏針縫

3　裝飾布表面進行刺繡，
　　製作成包釦，製作兩枚。

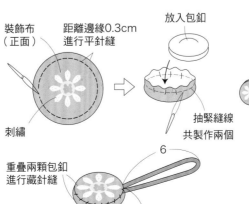

裝飾布（正面）
距離邊緣0.3cm進行平針縫
放入包釦
刺繡
抽緊縫線
共製作兩個
重疊兩顆包釦進行藏針縫
6
包夾織帶

於拉鍊上組裝包釦

完成

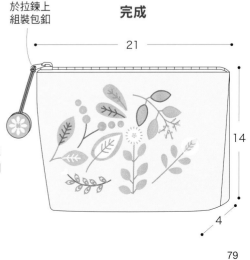

21
14
4

NO.32
桌巾

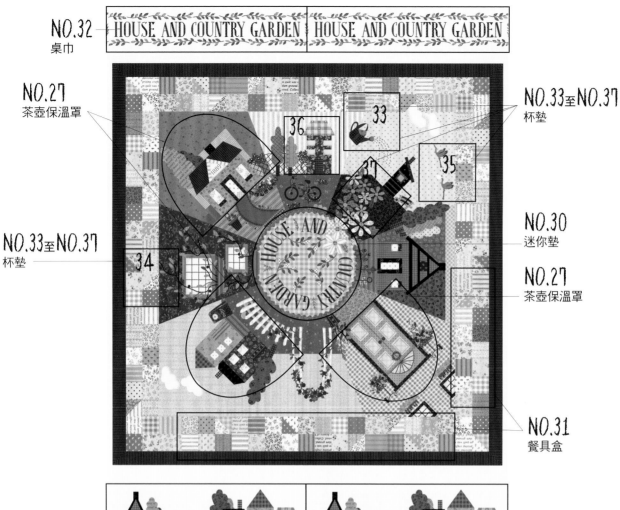

NO.27
茶壺保溫罩

NO.33至NO.37
杯墊

NO.33至NO.37
杯墊

NO.30
迷你墊

NO.27
茶壺保溫罩

NO.31
餐具盒

NO.28・NO.29 桌墊

P.43 NO.33至NO.37

材料（共用）
表布（圖案印花布）12cm×12cm
裡布（棉質素色布）12cm×12cm

※無原寸紙型

作法 重疊兩片本體車縫，完成後翻至正面。 **完成**

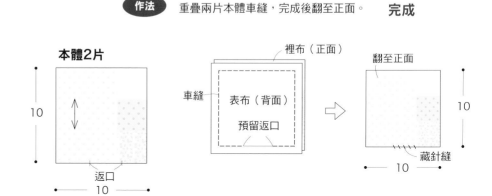

本體2片

10

10

返口

裡布（正面）

車縫

表布（背面）

預留返口

翻至正面

10

10

藏針縫

P.43 NO.27

材料
表布（圖案印花布）22cm×22cm　3片
裡布（米色印花布）80cm×25cm
鋪棉　80cm×25cm
斜布紋布（藍色）3.5cm×90cm

※原寸紙型　B面

作法 1　重疊裡布、鋪棉，再與表布正面相對疊合，車縫周圍。
翻至正面，於本體上進行壓線。

※數字的單位為cm

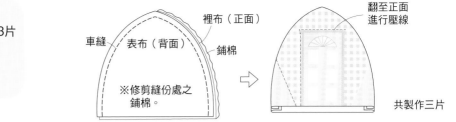

2　對齊三片，以捲針縫固定。

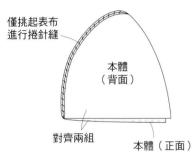

僅挑起表布進行捲針縫

本體（背面）

對齊兩組　　本體（正面）

3　以斜布條製作滾邊，
並製作蝴蝶結，車縫固定。

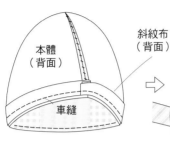

本體（背面）

斜紋布（背面）

車縫

包覆後以藏針縫固定

完成

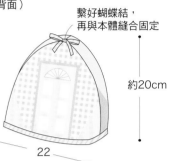

多餘的斜布條（背面）

3　摺入0.5cm

繫好蝴蝶結，再與本體縫合固定

0.8　藏針縫

約20cm

22

P.43 NO.30

材料
表布（圖案印花布）
　　　25cm×25cm
裡布（米色印花布）
　　　25cm×25cm
鋪棉　25cm×25cm

※原寸紙型　B面

作法　重疊布片，車縫周圍。於裡布與鋪棉剪出開口後，翻至正面，襠布以藏針縫固定。

裡布（正面）

鋪棉

車縫

表布（背面）

※修剪縫份處之鋪棉。

剪出約3cm的開口再翻至正面

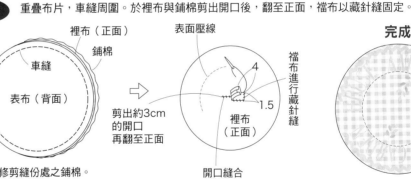

表面壓線

4

襠布進行藏針縫

裡布（正面）

1.5

開口縫合

完成

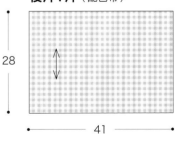

20

P.43 NO.28・NO.29

材料（共用）
表布（圖案印花布）37cm×24cm
配色布（紅色／藍色格紋布）65cm×45cm

※無原寸紙型

前片1片（表布）

3

35

28

22

配色布

3

3

返口

41

後片1片（配色布）

28

41

作法 1　製作表布。

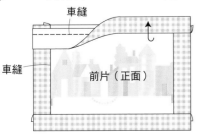

車縫

車縫

車縫

前片（正面）

2　將前、後片正面相對疊合，車縫周圍，再翻至正面壓線。

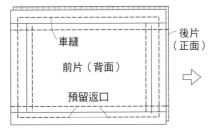

車縫

前片（背面）

後片（正面）

預留返口

完成

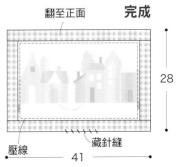

翻至正面

28

壓線　　藏針縫

41

81

※數字的單位為cm

材料
圖案印花布　76cm×11cm
配色布（藍色條紋布）
　　　　　80cm×125cm

※無原寸紙型

作法

1 製作表布。

2 將表布與配色布正面相對疊合，並車縫周圍。

3 翻至正面進行壓線。

前片1片（表布）
後片1片（配色布）

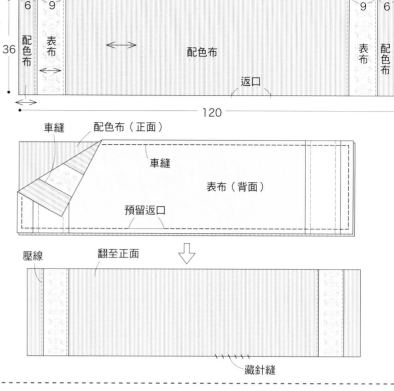

本體1片（表布・鋪棉・裡布）

材料
圖案印花布
　　　　50cm×20cm
配色布（藍色條紋布）
　　　　11cm×23cm
裡布（原色印花布）
　　　　37cm×25cm
鋪棉　37cm×25cm
塑膠板　30cm×12cm

作法

1 製作表布。
　與鋪棉、裡布重疊後車縫周圍。

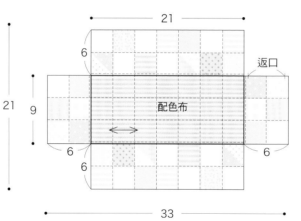

裡布（正面）
車縫
預留返口
表布（背面）
縫份處剪牙口
※修剪縫份處之鋪棉。
鋪棉

※無原寸紙型

2 翻至正面進行壓線。

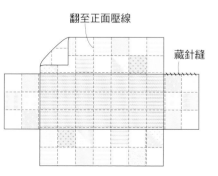

翻至正面壓線
藏針縫

3 將塑膠板貼上裡布。

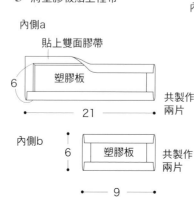

內側a
貼上雙面膠帶
塑膠板
6
21
共製作兩片

內側b
6
塑膠板
9
共製作兩片

4 車縫本體高度。
　對齊內側與本體開口車縫，再翻至正面。

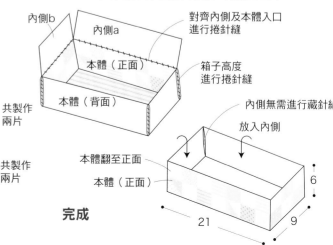

內側b
內側a
本體（正面）
本體（背面）
對齊內側及本體入口進行捲針縫
箱子高度進行捲針縫
內側無需進行藏針縫
放入內側
本體翻至正面
本體（正面）
6
21
9

完成

※數字的單位為cm

材料

拼縫布片·貼布縫用布　適量
表布（白色印花布）45cm×25cm
裡布（米色印花布）40cm×40cm
鋪棉　40cm×40cm
25號繡線（藍色）
拉鍊　長40cm 1條
抱枕　1個（寬38cm　高38cm）

※原寸紙型　B面

前片1片（表布·鋪棉·裡布）

落針壓縫

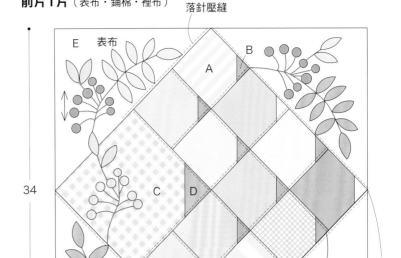

34
34
17
17

E　表布
A
B
C
D

作法

1　拼縫布片製作表布。

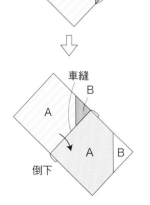

A　B
車縫
B
A　A　B
倒下

2　將表布、鋪棉與裡布重疊並壓線，製作前片。

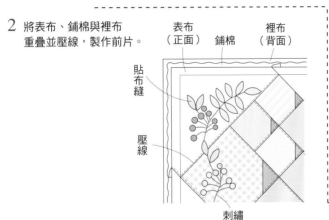

表布（正面）　鋪棉　裡布（背面）
貼布縫
壓線
刺繡

後片1片（配色布）

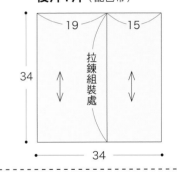

19　15
34
34
拉鍊組裝處

3　後片中心車縫拉鍊。

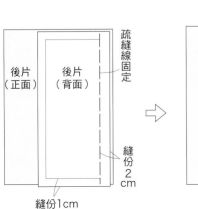

後片（正面）　後片（背面）
疏縫線固定
縫份2cm
縫份1cm

拆除疏縫線
壓線0.8cm　壓線0.8cm
後片（正面）
拉鍊（正面）

4　前、後片正面相對疊合，車縫周圍。

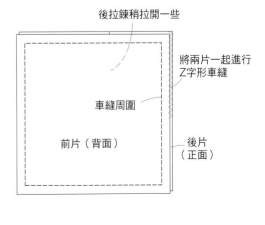

後拉鍊稍拉開一些
將兩片一起進行Z字形車縫
車縫周圍
前片（背面）
後片（正面）

※數字的單位為cm

材料

拼縫布片・貼布縫用布　適量
表布（白色印花布）45cm×35cm
配色布（藍色印花布）60cm×35cm
裡布（米色印花布）60cm×35cm
鋪棉　60cm×35cm
拉鍊　長40cm　1條
25號繡線（藍色）
抱枕　1個（寬58cm　高34cm）

※原寸紙型　B面

作法

1　拼縫布片後製作貼布縫，
　　完成表布。
2　將表布、鋪棉與裡布重疊後，
　　壓線完成前片。
3　後片中心組裝拉鍊。
4　對齊前、後片車縫周圍。

前片1片（表布・鋪棉・裡布）

壓線

18　　　36

表布

2.5　　2.5

30

8.5　　3.5

C
B
A

36　　18

54

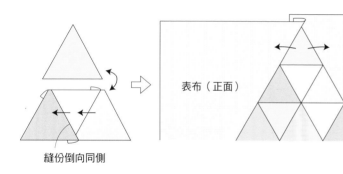

縫份倒向同側

表布（正面）

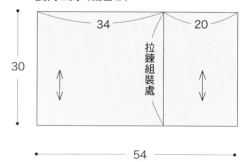

後片2片（配色布）

34　　20

拉鍊組裝處

30

54

抱枕作法　依抱枕尺寸外加縫份後裁剪，對齊前、後片並車縫周圍。
　　　　　　　翻至正面，塞入棉花並縫合返口。

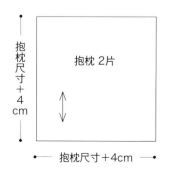

抱枕尺寸＋4cm

抱枕 2片

抱枕尺寸＋4cm

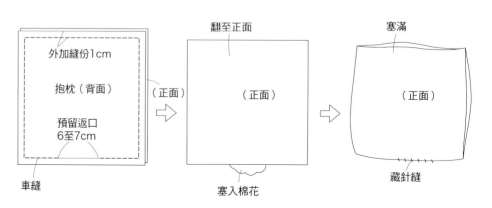

外加縫份1cm

抱枕（背面）

預留返口
6至7cm

車縫

（正面）

塞入棉花

翻至正面

（正面）

塞滿

（正面）

藏針縫

P.46 NO.41

材料
貼布縫底布（原色印花布／A1片）
　　　　　　　　16cm×20cm
貼布縫用布　適宜
條紋布
（米色、藍色／B、C 各2片、
　D 4片）　　　30cm×20cm
裡布（米色印花布）24cm×28cm
鋪棉　24cm寬×28cm
斜布紋布（水藍色印花布）
　　　　　　　3.5cm×110cm
25號繡線（藍色）

※原寸紙型　B面

作法

1　拼縫布片製作表布。
2　製作貼布縫與刺繡（P.88）。
3　將表布、鋪棉與裡布重疊，
　　進行壓線。
4　周圍滾邊。

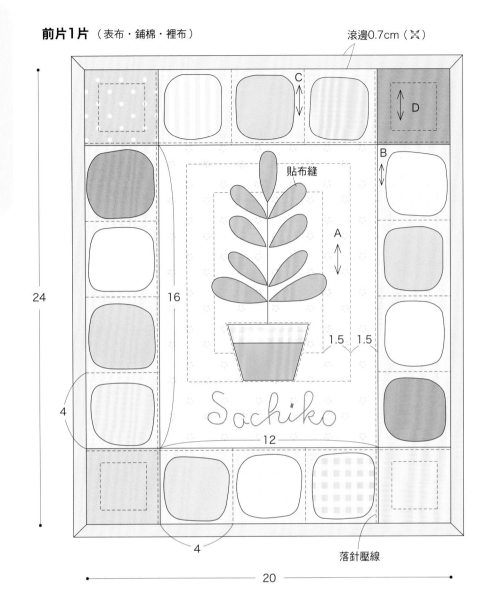

前片1片（表布・鋪棉・裡布）

滾邊0.7cm（✕）

貼布縫

Sachiko

落針壓線

| 滾邊 | 處理壓線之後布片邊端的作法稱為滾邊，本書作品縫份為0.7cm，所以需裁剪寬度3.5cm的斜布條製作。 |

●斜布條的作法
以斜布紋方向裁剪布料，車縫連接所需的長度。

●車縫邊角的方法
車縫至記號點往上摺，進行回針縫，邊端再以藏針縫包邊。

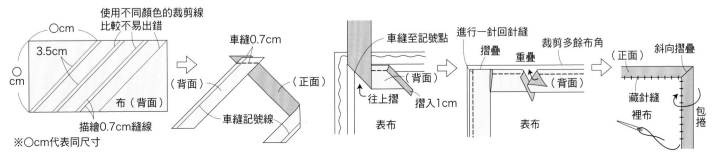

※數字的單位為cm

材料

拼縫布片　適量
表布（藍色素色布）55cm×35cm
斜布紋布（藍色素色布）2cm×70cm
裡布（米色印花布）55cm×55cm
邊緣接縫布（米色印花布）3.5cm×220cm斜布紋布
鋪棉　55cm×55cm
蕾絲　約4cm×110 cm
襯棉　適量
25號繡線（藍色・水藍色・奶油色）

作法

1　拼縫布片，車縫剪接製作表布。

2　製作貼布縫和刺繡。

3　將表布、鋪棉與裡布重疊，進行壓線。

4　周圍縫上邊緣接縫布，並縫上蕾絲。

※原寸紙型　B面

本體1片（表布・鋪棉・裡布）

剪接布的縫製方法　重疊拼縫布片的表布與剪接片，車縫邊端。縫上斜布條後，再摺入縫份以藏針縫固定。

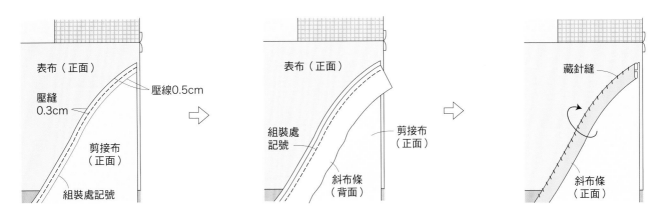

俄羅斯刺繡的作法　進行貼布縫後翻至背面，沿著針趾進行俄羅斯刺繡。
從表面的線狀處進行刺繡，背面需貼上襯棉。

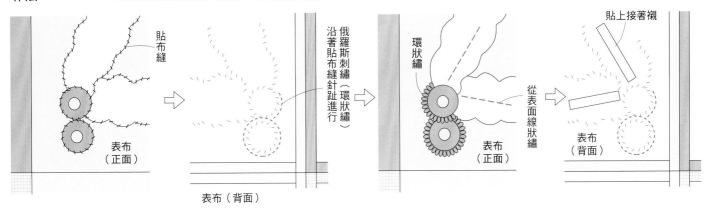

露出葉片的縫法　尾端無需縫製，取相同形狀的襯布進行藏針縫。需避開葉片壓線。

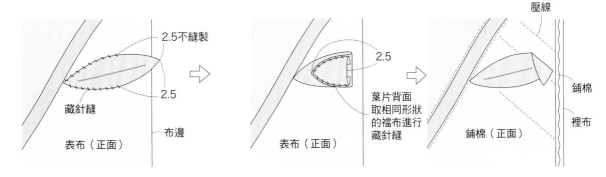

邊端與蕾絲的接縫法　縫合邊緣布，翻至背面以藏針縫縫合。蕾絲背面以藏針縫縫合，正面也進行藏針縫。

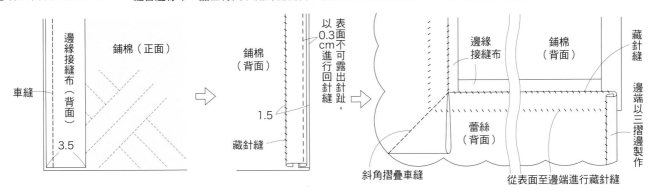

作法

※數字的單位為cr

材料（共用）

貼布縫底布（A1片）16cm×20cm
貼布縫用布　適量
條紋布（B、C 各2片・D 4片）
　　　共30cm×20cm

裡布（米色印花布）24cm×28cm
鋪棉　24cm×28cm
斜布紋布（水藍色印花布）3.5cm×110cm
25號繡線（40／藍色・42／藍色・黃綠色・
　　　酒紅色・原色・奶油色）

1 拼縫布片製作表布。
2 製作貼布縫和刺繡（參考P.88）。
3 將表布、鋪棉與裡布重疊後壓線。
4 周圍滾邊。

※原寸紙型　B面

本體1片（表布・鋪棉・裡布）

40

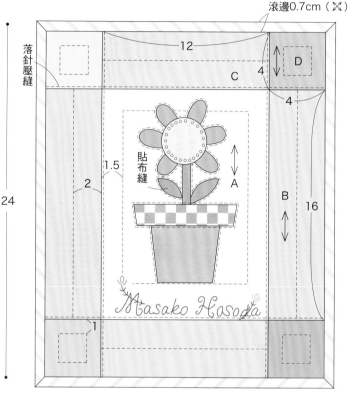

刺繡的方法

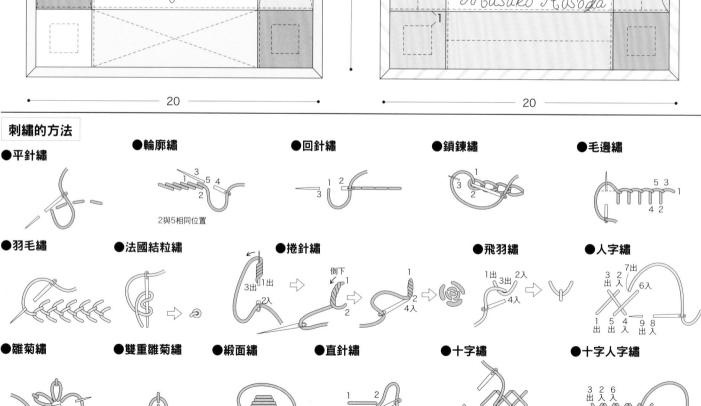

PATCHWORK 拼布美學 26

若山雅子の拼布日常 恬靜美好的幸福手作時節

A Life With Small Quilts

作　　者／若山雅子
譯　　者／洪鈺惠
發 行 人／詹慶和
總 編 輯／蔡麗玲
執行編輯／黃璟安
特約編輯／李盈儀
編　　輯／蔡毓玲・劉蕙寧・陳姿伶・李佳穎・李宛真
執行美編／陳麗娜
美術編輯／周盈汝・韓欣恬
內頁排版／造極
出 版 者／雅書堂文化事業有限公司
發 行 者／雅書堂文化事業有限公司
郵政劃撥帳號／18225950
戶　　名／雅書堂文化事業有限公司
地　　址／新北市板橋區板新路206號3樓
電　　話／(02)8952-4078
傳　　真／(02)8952-4084
網　　址／www.elegantbooks.com.tw
電子信箱／elegant.books@msa.hinet.net

總經銷／朝日文化事業有限公司
進退貨地址／新北市中和區橋安街15巷1號7樓
電話／（02）2249-7714
傳真／（02）2249-8715

2016年9月初版一刷　定價450元

Lady Boutique Series No.4199
WAKAYAMA MASAKO QUILT NO ARU KURASHI
Copyright © 2016 BOUTIQUE-SHA,Inc.
All rights reserved.
Original Japanese edition published in Japan by BOUTIQUE-SHA.
 Chinese（in complex character）translation rights arranged with BOUTIQUE-SHA
through KEIO CULTURAL ENTERPRISE CO.,LTD.

材料提供

● (株)KAWAGUCHI
● (有)クリブキルト
● クロバー(株)
● サンフェルト(株)
● (株)フジックス
● (株)ルシアン

協助攝影

● AWABEES
● UTUWA

日文原書團隊

● 編輯／新井久子・三城洋子
● 攝影／藤田律子
● 封面設計／八木孝枝（STUDIO DUCK）
● 作法繪圖／白井麻衣
● 製作校稿／安彦友美

國家圖書館出版品預行編目(CIP)資料

若山雅子の拼布日常：恬靜美好的幸福手作時節／
若山雅子著；洪鈺惠譯. -- 初版. -- 新北市：雅書堂
文化, 2016.9
　　面；　公分. --（拼布美學；26）
ISBN 978-986-302-326-5（平裝）
1.拼布藝術 2.手工藝

426.7　　　　　　　　　　　　　105015307

Double Wedding Ring 婚戒
1930-1940年　249×215cm

本作品摘自《拼布職人必藏聖典！拼接圖案1050 BEST選》

拼布職人必藏聖典！
拼接圖案 1050 BEST 選

傳統圖案 ✛ 設計圖案 ✛ 製圖技法 ✛ 拼接技巧

ALL IN ONE！

本書是為了拼布愛好者們所編寫的超實用圖案集，是一本以「能實際製作」為基礎，站在製作者的立場編輯的拼布圖形聖典。內容完整收錄1050款傳統圖案＆創作圖案，依照各自的變化、形狀、格子……等，歸納出幾種類別，並附註了製圖與縫製方法、表現特徵的圖示及格子記號，也貼心加入基本製圖與縫製方法、製作筆記、圖案與古董拼布大作、設計創意等製作重點。您更可以使用本書書末整理的完整索引找到想使用的圖案，設計出自已想作的圖案，運用在各式作品，或是大型的壁飾作品，發揮您的職人創意，試著作出一件專屬自己的拼接圖形代表作吧！

拼布職人必藏聖典！
拼接圖案1050 BEST選

傳統圖案＋設計圖案＋製圖技法＋
拼接技巧ALL IN ONE！

公益財團法人 日本手藝普及協會◎監修
平裝／152頁／21×29.7cm／彩色
定價580元

Enjoy patchwork
Patchwork Pattern Book 1050

A Life With Small Quilts